明德书系
艺术坊
品味艺术 享受生活

The Art of Product Design

器物的情致

产品艺术设计

李砚祖 著

中国人民大学出版社
·北京·

目　录

第1章

设计的艺术

第一节 技术与艺术

一 “艺术”的概念

“艺术”（Art）一词，从词源上看，最早来自于古拉丁语中的“Ars”，其意义指木工、锻铁工、外科手术之类的技艺或专门形式的技能，亦类似于希腊语中的“技艺”。在古希腊、罗马时期，人们还没有超过“技艺”之外的关于艺术的概念和认识。现代人们所谓的艺术，在他们看来都是一种专门的技艺，就连在早期美学中的所谓“诗学”之创作，也是一种技艺。公元1世纪时的罗马修辞学家昆提连曾把艺术分为三大类，第一类是“理论的艺术”，如 天文学；第二类是“行动的艺术”，如舞蹈；第三类是“产品的艺术”，即通过某种技能制作成品的艺术。中世纪的美学家托马斯·阿奎那把艺术定义为“理性的正当秩序”；出现了“自由艺术”这一称呼或分类，包括文法、修辞学、辩证法、音乐、算术、几何学、天文学七个门类。史考特把艺术作为一种“正确观念的产品”以及一种“建立在真实原则基础上的制作能力”。这时，“艺术”的“自由”性质开始凸显出来。文艺复兴时期，“艺术”一词的古老含义即等同于“技艺”的思想，又被重新恢复，当时的艺术家就像古代的艺术家一样把自己看作工匠，艺术家与工匠是同义词。被誉为“文艺复兴三杰”

图 1—1　意大利文艺复兴时期杰出的艺术家达·芬奇

之一的达·芬奇（图 1—1），并没有为自己天才的绘画才能所激动，则为自己所设计的飞行器和绘制的机械图表而扬扬自得（图 1—2）。另一位文艺复兴大师米开朗琪罗不仅是绘画、雕塑大师，他亦热衷于建筑设计（图 1—3），在建筑、雕塑工作中他与工匠没有什么区别。艺术家既是工匠又是设计师、画家，从事着建筑、绘画、工艺制作等一系列的艺术设计工作，他们以能竭尽所能地创造而自豪。

图 1—2　达·芬奇设计的车辆草图

图1—3　米开朗琪罗参与设计的圣彼得教堂

作为一位艺术家，米开朗琪罗集画家、雕塑家、设计师诸多职能于一身，创造了许多不朽的伟大作品。圣彼得教堂的大圆顶更是米开朗琪罗的杰作之一。

在17世纪或更准确地说在18世纪以前，艺术的存在形态在相当长的历史时期内是处于一种含混状态或是综合质的。这种综合质的所谓艺术，是一种以技艺为主要特征的“艺术”，又是一种有特点的生产性活动，尤其指那种带有艺术性质的生产艺术品的技能，这种技能不仅包括人类艺术活动的能力，也包括人从事其他工作的能力。希腊人把雕刻和木工看作同样的东西，艺术即是一种有用的技巧，包括医疗、采矿、种植等。

在中国古汉语中，艺术的“艺”，最早也是一种技术，一种种植技术，“艺”写作“藝”，在甲骨文中，“艺”为“𢆶”，即一人手执禾苗状。在先秦时代，“艺”有六艺，包括礼（礼仪）、乐（音乐）、射（射箭）、御（驾车）、书（识字）、数（计算）六种科目在内，这里有相当一部分是技术性的东西。孔子所谓“游于艺”，是要求人们掌握这些基本的技能，做一个有全面修养的人，这样才能成为君子贤人。从17世纪以后，随着技术与自然科学的结合以及美学学科的形成，纯艺术与手工艺艺术逐渐分离，尤其是架上绘画艺术的发展，成就了一批室内画家即纯艺术画家，他们再也不愿意与工匠一起分享艺术家的荣誉，在视工艺和工匠为低等职业时，把自己视为上等人，是艺术的代言人和伟大信息的传言者。这些不同于以往的艺术观使艺术家居于贵族的地位，圣洁的高贵感使那些艺术家们不愿俯就同时代大多数人的审美趣味，更不愿把自己的艺术追求混同于实用艺术。

艺术的纯化，即艺术与工艺技术的分离，标志着纯艺术自身体系的开始确立，由此也将西方艺术概念的历史区分为两个不同的阶段。第一阶段即前述的综合时期，从古希腊开始直到18世纪初叶。第二阶段从18世纪中期准确地说是1747年纯艺术体系开始建立至今，艺术的概念主要是指纯艺术的概念。

1747年法国学者夏尔·巴托发表了《简化成一个单一原则的美的艺术》的论著，明确提出了“美的艺术”的概念，并把它系统化，在这个“美的艺术”中包括音乐、诗歌、绘画、雕塑和舞蹈，区分“美的艺术”的根据是它们都是“模仿的艺术”。18 世纪后期，由于美学理论的建立，艺术的概念更多地被限定在纯艺术的范围之中。美学家席勒在其创立的艺术哲学中把艺术家解释为世俗社会的高尚的传教士，甚至把艺术家比作皇帝，认为艺术家生活在人类的顶峰上，人类的尊严掌握在艺术家手中。像谢林、科尔里奇、雪莱等艺术理论家、哲学家都宣称这种观点。

从艺术哲学上对此进行深入分析的是黑格尔，他认为艺术不仅是一种美的艺术，更是一种自由的艺术：“我们所要讨论的艺术无论是就目的还是就手段来说，都是自由的艺术……只有靠它的这种自由性，美的艺术才成为真正的艺术，只有在它和宗教与哲学处在同一境界，成为认识和表现神圣性，人类的最深刻的旨趣以及心灵的最深广的真理的一种方式和手段时，艺术才算尽到了它的最高职责。”① 在黑格尔看来，艺术是纯精神化的东西，是理念的转化，它与宗教和哲学在思想上的深刻性是一致的。在此基础上，美学家克罗齐进一步把艺术理解成直觉的产物，他说：“我们已经坦白地把直觉的（即表现的）知识和审美的（即艺术的）事实看成统一，用艺术作品做直觉的知识的实例，把直觉的特性都赋予艺术作品，也把艺术作品的特性都赋予直觉。”因此，他认为“艺术是诸印象的表现”②。从艺

---

① ［德］黑格尔：《美学》，第一卷，10 页，北京，商务印书馆，1982。

② ［意］克罗齐：《美学原理·美学纲要》，19 页，北京，外国文学出版社，1987。

术是精神的从而是直觉的出发，克罗齐得出了“艺术是印象的表现”的结论。从克罗齐首倡表现说，经科林伍德、开瑞特的总结，最终演绎成了艺术的符号说。

科林伍德在他的“艺术即想象”的命题中，不仅否认艺术与技术之间的内在联系，而且反对把艺术分为所谓的“优美艺术”和实用艺术，他认为实用艺术不是艺术，因为在他看来，实用艺术是技术性的东西，认为古希腊语中相当于艺术的技艺一词所指称的是通过自觉控制和有目标的活动以产生预期结果的能力，而“艺术并不是一种技艺，而是情感的表现”①，艺术家的职责是尽力解决表现某一情感的问题，“表现是一种不可能有技巧的活动”②，“是一种个性化的活动”③。艺术的独特性正是由这种表现而得到的：“表现情感和意识到情感之间有某种关系；因此，如果充分意识到情感，意味着意识到它的全部独特性，那么，充分表现情感，就意味着表现它的全部独特性。”④

从相同的角度出发，克莱夫·贝尔提出了“艺术是有意味的形式”⑤ 的著名论点，由此而发展出了艺术的符号学说。恩斯

---

① ［英］科林伍德：《艺术原理》，121 页，北京，中国社会科学出版社，1985。

② 同上书，114 页。

③ 同上书，115 页。

④ 同上书，116 页。

⑤ 克莱夫·贝尔：《艺术》，4 页，北京，中国文联出版公司，1984。

特·卡西尔将艺术定义为一种符号，一种符号语言。苏珊·朗格进一步发展了这一符号说，提出“艺术是人类情感的符号形式的创造”①，“在艺术中，形式之被抽象，仅仅是为了显而易见，形式之摆脱其通常的功用也仅仅是为获得新的功用——充当符号，以表达人类的情感”②。符号学说在 20 世纪上半叶成为现代西方艺术理论中的正宗主流。

对艺术概念的解释和对艺术本质的界定，往往是建立在对艺术与技术的关系的理解之上的。科学美学的创始人之一托马斯·门罗认为：“从社会和历史的观点来看，人类之所以对艺术家的事业进行赞助，并付给他们酬金，其原因是由于人类发现艺术家的产品具有美的或其他方面的价值，而不是为了赋予艺术家表达自己的特权。在决定艺术的本质和功能时，艺术的社会效果比艺术家个人的需要更加重要。”③ 他反对把艺术局限在精神的小圈子中，主张：“艺术作品是人类技艺的产品，它试图成为或已被用作产生满意的审美经验的刺激物和向导，并经常带有其他目的或功能：任何一种照此使用和具有这种企图的产品都是艺术品。”④ 门罗是从艺术即技术的角度来看待艺术的，

① ［美］苏珊·朗格：《情感与形式》，51 页，北京，中国社会科学出版社，1986。

② 同上书，62 页。

③ ［美］托马斯·门罗：《走向科学的美学》，355 页，北京，中国文联出版公司，1984。

④ 同上书，394 页。

这一观点在当代已越来越被更多的人所接受，并成为一种新的趋势。

在对艺术概念的定义上，有着众多的学说和理论，我们认为艺术是一个复杂的现象，既有精神性的产品，也包括精神与物质结合的产品，艺术中必然会有技艺的成分，因此，所谓艺术，应包括美的艺术和实用艺术在内。

二　古典技术与现代技术

在人类的造物活动中，技术是与材料并列的重要因素。在一定意义上，所有产品都是技术的产物，在手工业时代是手工技术的产物，在大工业时代，是大工业技术的产物。“技术”一词出自希腊 lechne（工艺、技能）与 logos（言辞、演说）的组合，其含义是完美的手工技艺与实用的讲演技艺。1615 年，美国出现了“technology”一词，1772 年英国经济学家贝克曼在文献中正式使用了这一术语，对各种应用型的技术进行论述，这时的技术主要是指技艺。20 世纪初，技术一词开始广泛地使用，其含义越来越广，既包括工具、机器，又包括工艺程序、技术思想等意义。

技术史学者奥特加·伊·加西特按照历史上占统治地位的技术概念，将技术分为机会技术、工匠技术、工程科学技术三类，即技术发展的三个不同时期。所谓机会技术，指史前人类和当时原始部落人的技术特点，技术完全包含在自然生命的无能动思维的动物性活动中，这时还没有熟练的工匠，偶然发明的机会少，也不是有意识地进行的。第二阶段是古代和中世纪，作为工匠的技术，其工艺技术已发展到复杂而深入的程度，从而形成专业和劳动分工，形成特定行业的特定知识和实践体系。工程科学技术阶段，技术完全由技师、工程师主导，作为工具的机器有了一定的自主性，即不再直接由人操纵，并开始与人相分离。

技术是人类造物的能力和知识，作为一个历史范畴，技术在大机器工业革命以前，主要表现为手工劳动者的技艺，是劳动者在长期造物实践中积淀起来的经验和技能，包括世代相传的工艺制作方法、手段和配方等内容（图 1—4）。在手工业生产的状况下，生产力水平低，技术活动的物质手段如工具等比较简陋，技术活动主要依赖于人类长期积累的经验和技能而进行（图 1—5）。随着近代大工业的兴起、自然科学的发展，

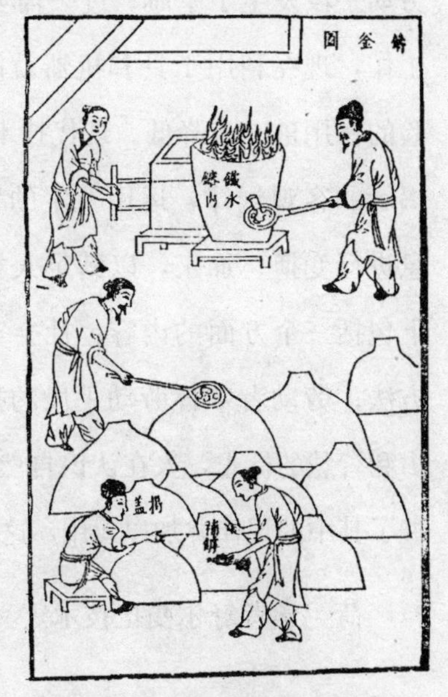

图 1—4　明代宋应星著《天工开物》中的铸釜图

图 1—5 欧洲的手工艺匠师在吹制玻璃器皿

劳动手段发生了革命，过去需要依靠手工技艺、经验而从事的工作，现在利用工具和机器就能容易地办到，技能和技巧、经验的作用进一步降低。现代技术主要表现为："依据自然科学所揭示的客观规律，运用一定的手段和方法，对物质、能量、信息进行变换、加工，以满足人类社会需要的实践活动。它大体上包括三个方面的内容：社会实践活动中的劳动手段；工艺和方法；劳动者掌握劳动手段的技能。"① 技术是人改造自然的能力和智慧的标志，人在认识自然、利用和改造自然的过程中，掌握了其中的规律并加以运用，这是技术的本质特征之一。

荷兰学者舒尔曼把技术定义为："人们借助工具，为人类目

① 邹珊刚编：《技术与技术哲学》，1 页，北京，知识出版社，1987。

的，给自然赋予形式的活动”①，他将人类的技术分为古典技术和现代技术两大类，古典技术即手工业技术，现代技术是工业革命后以机器生产为特征的技术，两者之间有着许多差异：

1. 古典技术产生在自然的环境中，受制于自然提供的物质和可能性；而现代技术掌握着自然，环境被打上了技术的烙印，而且人也从自然中分离出来。

2. 古典技术所掌握的材料是自然所能提供的，其造物的形式总与自然所赋予的形式相联系；在现代技术中，人们选择材料，并将自然材料缩减成小的成分，再织入想望的结构中，形式上尽量脱离自然所赋予的形式。

3. 在“能量”这类技术形式中，技术的早期主要是由动物和人类提供的拖力和肌肉力量；在现代，除自然的风力、水力等外，还有间接的原子能、太阳能等。

4. 古典技术的“形式赋予”是由人类所使用工具的技能决定的；在现代，人的技艺被融入机器的技术装置中，这导致了技术的决定性更新，并出现全新的技艺。

5. 手工业时代，产品的生产制作基本上由一个人完成，制造者又是消费者，所谓自作自用；现代技术必须由工程师、缔约者和劳动者之间的合作，制造的过程独立到工业企业中，与

---

① ［荷］舒尔曼：《科技文明与人类未来》，11页，北京，东方出版社，1995。

消费者的联系与手工业时代已完全不同。在设计方面，古典技术的时代，设计与制作过程往往是一体的，边想边做，边设计边制作，一个人完成全过程；在现代技术中，设计作为一个独立的过程而存在，设计作为意向性构形和实际生产之间联系的中介，它勾勒出或者给出一个抽象出的图景，其计划的每一细节都可以由脑力（理论）决定。

6. 与古典技术相比，现代技术依靠现代工具（技术设施）尽量在技术构形中除去人的因素，他借助技术措施提供的能量转换过程，有可能依照理论制造物品。这即是生产的“自动化”。①

古典技术与现代技术之间有许多根本的差异。古典技术主要是一种手工技术，直接受到人类自然潜能的限制，人不可能超越自己的双手和感官所能达到的范围，这亦是古典技术的自然性，也是其局限性。在技术的承传方式上，也几乎是自然性的，日常经验由父传子、母传女、师傅传徒弟的方式进行，因而技术是未分化和静止型的。

手工技术有着自己独特的体系和发展路径，作为人类的活动，它具有发展性、积累性（图1—6）。人类最初的技术发明是打制石器，粗糙的石器作为工具和技术的直接成果，第一次展

① ［荷］舒尔曼：《科技文明与人类未来》，12页，北京，东方出版社，1995。

图1—6　景德镇古窑瓷厂工人在绘制瓷器

现代的仿古瓷生产，仍延续传统的手工生产方式。

现了技术的力量和文明的曙光。接着的是弓箭的发明，随后又出现了磨制石器和钻孔技术、摩擦取火和制陶术，技术的发明使人类进入了一个新的纪元——新石器时代，也大大提高了人的生活质量，甚至改变了人的生活方式。如随着钻孔技术的发明，工艺复杂的木器、竹器、骨角器等都能制造出来。而制陶技术的产生，使人类的生存能力大大提高。著名人类学家认为制陶术同文字的发明一样，是人类历史上划时代的伟大发明，前者是人类社会从蒙昧社会进入野蛮时代的分界线，后者则是人类文明时代的标志。石器时代以后的技术发明是金属工具的出现和冶金技术，青铜工具、用具的广泛使用标志着人类物质文明的重大进步。其后技术的发展变革速度加快，不久，铁的出现，使人类的生产能力和生存能力进一步提高，人类进入了一个以农业生产为主的社会形态中，一直到18世纪的工业革命。

从历史的观点看，现代技术出自于手工技术，它以科学为基础，与科学的结合统一，是其最根本的特征。可以认为，没有手工技术即没有科学，没有科学也不可能有现代技术或者说技术的现代化。

三　科学与技术

现代技术发展的一个显著特征是技术的科学化。技术与科学的结合，形成了新的科学技术。科学的根源可以追溯到文明的萌芽时期，在打制石器、制造弓箭和陶器的一系列原始技术的进步中产生出了科学抽象，因此奠定了科学的最初的基础。英国科学家贝尔纳曾认为科学具有双重的起源，它既起源于巫师、僧侣或者哲学家的有条理的思辨，也起源于工匠的实际操作和传统知识。① 在最早的时期，巫师和工匠这两种不同的职责可能集中于一人身上，即使各司其职，原始生活中的技术和巫术的目的则是共同的，即对于外部世界的主宰，维护自身的生存。从巫术到宗教再到科学知识的发生，科学似乎经历着这样一种渐进的历程，但最主要的还是来源于技术传统中科学知识的形成，如德国人文主义学者、矿业主阿格里科拉，毕生从事

---

① 参见［英］贝尔纳：《科学的社会功能》，49页，北京，商务印书馆，1985。

矿工生涯的研究，他在对矿工和铁工的传统操作技术进行研究后所撰写的《金属学》，为科学的地质学和化学打下了基础。近代意义的实验科学的概念是在13世纪由英国哲学家罗吉尔·培根提出来的，当时他的目的是提倡实验的方法反对经院哲学。实验科学具备现代的含义是在16世纪中叶以后，由科学家伽利略的科学实践开始，并由弗兰西斯·培根在科学方法上的总结而开创了一个科学史上的新纪元。其后由科学家牛顿的集大成和18世纪后一系列的技术革命的发生，使科学成为一种社会的建制而得到确立。

科学是在技术的基础上发生和成长起来的。在自然科学发生以前，严格地说只有技术而没有科学，科学产生后，科学与技术之间没有太多的联系，在相当长一段时间内，科学知识为贵族哲学家所有，而技术则是工匠的专利；科学与技术各有各自的发展道路。19世纪开始，由于社会生产力的提高和经济等方面的发展，科学与技术开始产生越来越多的联系，并形成共生关系，相互作用越来越强，以至科学的进步部分地依赖于技术的进步，技术的进步也相应地依赖于科学的进步。技术的需要成为科学发展的强大动力，而科学的发展又为技术提供了坚实的基础。近百年来的发展表明，现代技术与科学实践的联系越紧密，双方的发展速度越快，成就也越大；也就是说，技术越进步，科学越发展，这种联系就越显著、越深刻。

科学与技术是两类不同的活动，“科学的目的在于推进知识的进展，而技术的目的则是改造特定的实在。科学旨在获得关于实在的新信息，而技术则在于将信息注入（不管是自然的还是人造的）现存系统。更确切地说，科学力图构造解释和预言系统……在技术领域，根本的问题是干预事件的进程，或者是预防某种状态的发生，或者是造成某种不能自发出现的状态”①。两者的区别是明显的，亦是不能互相取代的。

但两者又有许多共同点，作为人类的活动，它是被社会地组织起来，有计划有目标的实践活动，无论是科学研究还是技术研究，其社会因素和作用是相同的，科学方法的内在结构与技术方法的结构几乎也是一致的，两者之间越来越紧密的联系和互为作用，存在着一种一体化的趋势，这也是科学与技术发展的趋势之一。一体化不是互为取代，而是形成一个大系统，即由科学的子系统与技术的子系统组成大的科学技术系统，两个子系统互相依存，互相促进，相干效应和整体效应会越来越大，最终导致科学技术化和技术科学化，科学技术系统成为一个有机的整体。

与科学结合，成为现代技术的根本特征之一，技术的科学

① ［法］让·拉特利尔：《科学和技术对文化的挑战》，36～38页，北京，商务印书馆，1997。

化是技术发展的方向，也是未来技术的主体。建立在科学理论基础上的技术将变成更为复杂、尖端、精密的技术；汲取最新最多的科学成果的技术是最容易产生革命性突破的技术和推动产业革命的技术。20世纪的两场技术革命就是技术科学化的直接成果。这两场技术革命，一是40年代以原子能技术、电子技术、合成化学技术为代表的技术革命；二是80年代以来，正在发生的以信息技术为中心的技术革命，包括计算机技术、激光技术、光纤通信技术、新材料技术、新能源技术、海洋技术、空间技术、生物技术、农业技术等新的技术学科，这些新技术学科的发展与科学的发展密切相关，或者说就是科学发展的产物，它已开始以前所未有的力量深刻影响和改变着人类的生存与生活状态，以至最终整个地改变人类社会的面貌。

科学同样得益于技术的发展，亦向着科学技术化的方向发展。未来的科学是高度技术化的科学，尤其是实验科学需要高技术的支持，只有科学技术化，才能使科学实现飞跃，科学才能取得更新更高的成就。

科学技术对社会和人生活的贡献和影响是通过产品设计和产品的形式实现的。在产品中物化着不同时代不同科学、技术的成就和技术方式（图1—7）。生活产品往往是时代科技的结晶和象征物。如陶瓷器、青铜器、漆器、染织、服饰、金银器、各种工具及现代各种用具，都与不同时代的科学技术相联系。

图 1—7　现代科学技术深刻地影响到人生活的各个方面，从家庭生活到交通、公共设施等众多领域

四　科学技术与艺术

技术与艺术是两个不同的概念，技术往往是一种方式、过程和手段；艺术既可以是方式、过程和手段，又可以指艺术品、艺术现象。技术和艺术虽同为“术”，一是“技”之术，一是“艺”之术，但属性不同，其目的和存在方式也不同，把艺术混同为技术，或把技术混同为艺术，无疑是把目的和手段、过程与终极目标的位置给颠倒了。而“技艺”一词包含了上述方面的因素。技术、艺术、技艺这些不同的各有所指的词，有着一种内在的连接性。从艺术的本质和艺术的发展来看，艺术与技术犹如一张纸的两面，技术是艺术不可分离的属性，或者说是技术存在的最高形态。在艺术中，如绘画、雕塑、音乐、诗歌、戏剧等形式中，都需要有特定的技术或者说

技巧作为支撑，用技巧来建构艺术形式，来达到艺术“作品”之目的。

技术可以说是艺术须臾不可分离的本质属性之一，这在那些认为艺术是表现是符号的学者那里也是得到肯定的。苏珊·朗格认为：“所有表现形式的创造都是一种技术，所以艺术发展的一般进程与实际技艺——建筑、制陶、纺织、雕刻以及通常文明人难以理解其重要性的巫术活动——紧密相关的。技术是创造表现形式的手段，创造感觉符号的手段。技术过程是达到以上目的而对人类技能的某种应用。”① 苏珊·朗格的艺术观属于表现主义的，但现代艺术中技术本质的存在和强化，使得他不得不关注到这一层面，发现到艺术中技术的重要价值。当然，注意到这一点的不仅是苏珊·朗格，较早对“美的艺术”作出美学理论解释的席勒，从形式分析的角度，对艺术中的技术也作出了真实的表述，在《美育书简》中他写道：“表明某一规律的形式可以称作技艺的或技巧的形式。只有对象的技巧的形式才促使知性去寻求造成结果的根据以及造成被规定者的规定的东西”。“自由只有借助于技巧才能被感性地表现出来……为了在现象的王国把我们导向自由，也需要技巧的表现……现象中的自由虽然是美的根据，但技巧是自由表现的必要条件。”② 艺

① ［美］苏珊·朗格：《情感与形式》，51页。
② ［德］席勒：《美育书简》，158页，北京，中国文联出版公司，1984。

术与技术的关系，可以说表现在艺术过程和艺术形式的许多层面上，艺术品类、风格的不同区别，往往是不同的艺术技巧所决定的。艺术中的技术赋予物质材料以形式的过程是一个比艺术作品物质方面更为有意义的领域，作为艺术风格的基本和决定性因素，它不仅仅是一种手段，而具有服务于和赋予形式及象征的功能。

在艺术中，不仅实用艺术与技术有着密不可分的关系，纯艺术与一定的技术也有着密不可分的联系，这种联系的历史与艺术的历史一样久远。千万年来，艺术与技术总是携手共进的，技术是艺术存在的真正基础，艺术也是在技术中生长起来的。世界文明史和艺术史上的一些伟大杰作，如金字塔、巴特农神庙、拜占庭的圆顶教堂、哥特式圣殿等都是伟大艺术的典范，又都是当时最新技术、伟大技术的产物。中国工艺美术史上的彩陶、蛋壳陶、青铜器、瓷器、丝绸等，也都是杰出的艺术品，同时又都是那些时代科学技术的结晶和代表。

在古代，艺人们既是工匠、建筑师，又是技术专家和艺术家。从设计到绘画、装饰乃至制作产品的全过程往往都集中于一人，艺术与技术常常是高度一致的。中世纪细密画各流派所用的颜料都是画家自己配制的，画家们各有各的配方计划，他们如同工匠、技师一般注意从新发现的植物、矿物中研制新的绘画材料，并对这种材料保持浓厚的兴趣，视其与绘画上的重要成就为一体，因而更重视其中的技术把握。中世纪欧洲的画家归属于药剂师行会，而发现色彩新的调制技法的人常常被视为最伟大的画家。

从古代到近代，在艺术与技术的统一中，技术本质机制存在价值的确定是以艺术的完成度来进行的。最早由汉代张衡设计制造的浑天仪和地动仪，从科学角度说是一种科学测量或演示仪器，在艺术上看同样是一种集工艺技术与艺术一体的杰作(图 1—8)。西方古代的哥特式天体观测仪也表现出这种特征，既是天文测定仪又是艺术雕刻的杰作。在古代工艺与艺术综合的时空环境中，依靠技术的装置得到的科学成就的正确性及其意义，往往与其装置作为美术品同美结合在一起是互为依存的，

图 1—8　明代制造的浑天仪

科学的检测功能设计与传统装饰的精华完美地结合在一起，使这一仪器本身成为一件杰出的艺术作品。

人们也许确信最高的美同支配宇宙的法则之间有着内在的对应关系。

在手工艺为主的时代里，艺术家与技术家的关系是一种互融而协调的关系。手工的方法作为纯艺术与纯技术、实用价值与美的艺术价值之间的媒介。艺术和技术的结合，导致两者在制作过程上的完全同一，即在手工艺的基础上统一起来，在相当长的时期内，这种统一不是拼凑式的，而是有机的结合与服从，因此，常常技术服从于艺术的需要。

如前所述，艺术与技术之间的分离开始出现于 17 世纪初期，分离的最初动因来自技术方面。随着文艺复兴以来近代自然科学从萌芽到发展，科学显示了日益强大的力量，并渗透到技术领域，技术走向了与成长着的自然科学结缘的道路，开始了与艺术分离的进程。技术的这种转变不仅对于艺术来说是深刻的，对于技术本身而言也同样是深刻的，它从对自然的改造利用变为从自然中学习，以自然科学为基础为目的。这使近代的人们意识到技术的先师不是人类实践经验的传统，而是自然的观念，以至产生了认为手工经验以及依据直觉判断的技术是有误有害的技术，而依据自然科学的技术才是真正的技术的思想。以此，技术开始具有了近代科学的素养和色彩，加速了与手工性美术的分离。在这种分离中，技术的一部分走向了科学，一部分走向了艺术。

有学者认为18世纪初期开始在英国出现的机械也许是人类用手制造的物品之中有意识地放弃美的最初产物。[①] 人们在新的创造面前所关心的只是机械的功能效率而不顾及其他，这种态势的出现与走向高度技巧的手工艺艺术和走向纯精神化的艺术形成了极为明显的对照，也形成了对抗。进入19世纪，以煤、铁、钢的使用为基础的工业技术飞速发展，整个社会处于巨大的变革之中，科学技术步入社会生活的前台，随着法国1791年中世纪同业公会的解散和1795年理工科大学设立，开始培养现代意义的工学技术人才，这标志着中世纪以来工匠、职人制度的解体和手工业向机械工业转移的开始。当原有的实用工艺部类的家具、日用器具由机器大批量生产后，手工艺的劳作被机械所替代，手工艺工匠阶层亦开始解体转向，这种解体从另一侧面引起美术与劳动的分离，美术由此从18世纪后半叶起离开实际生活而完全与美拴在一起。自19世纪起艺术便力求摒弃一切非艺术的杂物，包括道德、宗教这些东西，希求绝对的美、艺术的美，而不是与善结为一体和闪着真实光辉的美。从这种自律性的要求出发，发展为各门艺术对自身纯粹性的追求，绘画力求排除构筑的、雕塑性的因素，雕塑则力求扬弃绘画性的、构筑的因素，建筑则追求无装饰、无象征性的风格，最终引发

---

① 参见［日］利功光：《造型艺术与机械技术》，见［日］竹内敏雄编：《艺术和技术》，日本，日本美术出版社，1976。

了20世纪的现代艺术革命。

从机器制品尤其是生活用品的生产上来看，由于引导机械力量的不是工匠艺人，而是与实业家结合的现代技术工作者，在“为生产而生产”、为利润为数量而生产思想的指导下，大量粗制滥造的制品涌入人的生活，导致了艺术界与产业的联合和工业艺术设计业的兴起。从事物发展的规律而论，工业设计的兴起，是人类社会文明发展到一定阶段的必然产物。这种必然性，其中包括了技术与艺术异向发展最终仍将走向统合的必然性在内。我们无论检视以莫里斯为首的手工艺术运动和以格罗皮乌斯为代表的包豪斯设计运动以及其后所有的设计艺术运动，其宗旨或内在性都是强调艺术与技术的高度统一。包豪斯宣言中明确提出：“艺术不是一种专门职业。艺术家和工艺技师之间在根本上没有任何区别，艺术家只是一个得意忘形的工艺技师……让我们建立一个新的设计家组织，在这个组织里面，绝对没有那种足以使工艺技师与艺术家之间树立起自大障壁的职业阶级观念。同时，让我们创造出一幢建筑、雕刻和绘画结合成三位一体的新的未来的殿堂，并用千百万艺术工作者的双手将之矗立在云霄高处，变成为一种新信念的鲜明标志。”[①] 追求新形式新风格的后现代主义设计，在本质上仍是采用最新的科

① 王建柱：《包豪斯》，台湾版，1971。

学技术与艺术相统一的方法而创造出艺术新形式的。这种艺术形式一方面可以说是艺术化了的技术形式，另一方面也可以说是技术化了的艺术形式；准确地说是一种不能简单区分什么是艺术什么是技术，而是技术就是艺术、艺术就是技术、艺术与技术高度结合统一的形式。

在艺术设计或者说在工艺美术中，技术与艺术具有统一性。工艺技术与工艺艺术之间的统一或同一性，首先只有在精熟的技术与艺术的理想、企图取得和谐和高度一致的情况下才能出现或趋于完美；我们强调工艺技术与工艺艺术间的根本联系，并不意味着否定或轻视艺术设计或者产品设计中艺术的重要价值和能动作用，也许现代设计与传统工艺的根本区别不在于技术成分的变化，而在于艺术观念和艺术表达方式的区别，技术对于现代设计，仅是基础和必具的起码条件，没有对现代艺术的深切理解和艺术方式的把握，无论多么高超的技艺也不可能创造出好的现代性作品来。因此，技术发展到一定阶段时总是需要更高层次的艺术观念来导引和互助，这样才能使技术融入艺术之中。工艺技术的最高境界应当是与艺术的完全交融而不留痕迹，即“大匠不雕”的自由境界。只有在这种自由境界中，创意和创造之外的精神追求才有可能，也只有在这种自由境界中，才能把技术理解为或上升为一种精神理想的完善，即所谓“技进乎道”。

“技进乎道”之道是艺术之道。《庄子·养生主》中曾记一庖丁解牛的故事，可以说是典型一例："庖丁为文惠君解牛，手之所触，肩之所倚，足之所履，膝之所倚，砉然响然，奏刀騞然，莫不中音，合于《桑林》之舞，乃中《经首》之会。"文惠君对庖丁如此娴熟的技艺感到震惊，询问其为何技艺精进如此？庖丁谓："臣之所好者道也，进乎技矣。始臣之解牛之时，所见无非全牛者。三年之后，未尝见全牛也。方今之时，臣以神遇而不以目视，官知止而神欲行。"因而，一把刀使用了19年之久仍如新发于硎。庖丁因技艺的精熟，达到炉火纯青的地步而进入道的境地，因技而得道，因道而化技，以至出神入化。

五　中国工艺设计中的科学精神

从中国磁山、裴李岗陶器的出现算起，中国的工艺艺术至少已有8 000年的发展历史。在这样一个漫长而灿烂的工艺艺术的发展史上，中国的工艺艺术中始终贯穿着一种科学的精神。

工艺美术作为实用艺术，它在本质上天然性地具备了实用与审美的双重价值和功能，实用的功能和价值依赖于对于材料的认识和工艺加工，从材料的认识、选择、加工、制器的整个工艺过程，都离不开科学。事实上，正是一系列科学的发展和科学技术的进步导致了工艺技术和工艺艺术的进步与发展。陶器的发明作为人类文明史上一个划时代的标志，"是人类最早通过化学变化将一种物质改变成另一种物质的创造性活动"。这种改变物质形态的制陶活动，也是人类最早的一种科学实践活动。其后延续上千年的中国青铜时代，青铜工艺与青铜科学技术一直是密不可分的。《周礼·冬官·考工记》记有一个堪称世界最早的一份青铜冶炼配比，即所谓的“金有六齐”，不同的青铜器物如饪食器的鼎、鬲，乐器的钟、铎，兵器的戈、戟，生活用器的铜镜等，使用功能的不同，对器物的钢性、韧性、光洁度、音色等有不同的要求，因而其铸造时青铜的铜、锡等合金的配比各不相同。用现代科学方法对当时青铜器合金分析表明，《考工记》所记的配比基本上是准确的。

工艺的发展、工艺技术的进步与科学的发展密切相关，但工艺美术不仅仅是科学和技术的载体，而更重要的是通过整合的方式将科学与艺术结合起来，即通过艺术的方式将科学技术展示出来。而科学往往是通过技术或工艺技术的方式走向与艺术结合之路的。科学、工艺技术与艺术的结合统一，形成了区别于其他工业活动和造物的独特形态。由此来看，陶器及彩陶就不仅蕴含着科学的一种改变物质的化学变化，而且明确地具备着艺术造型和艺术装饰的诸多形式因素；青铜器不仅展示着青铜工艺技术、科学成就的诸多内容，而且展示了青铜装饰艺术的大千风貌。这里，以汉代青铜灯的设计为例。汉代的青铜灯的种类繁多，如豆形灯、行灯、拈灯、“当户”灯、朱雀灯、卮灯、奁形灯、雁鱼灯、复合灯、牛灯、凤形灯、长信宫灯等，相同的照明功能，却有众多的造型特点和不同的科学内容。首先从灯的尺度上看，科学性的设计使灯的尺度合乎日常实用的多种要求，如豆形灯，灯盘直径和高度一般在10～15厘米，灯柱（高足的持握部分）一般为3厘米，为持握方便，灯盘上设有一扳手，以便捏拿移动。河北省满城刘胜和窦绾墓出土的长信宫灯和朱雀灯在设计的科学性和艺术性的统一上具有典型意义。长信官灯以汉代宫女形象为基本造型（图1—9），通高48厘米，宫女作跽坐状，双膝着地，跣足，足尖抵地以支撑全身。头梳发髻，上覆巾帼，上身平直，以左手持握灯座底部的座柄，右臂高举，袖口向下宽展如同倒置的喇叭，覆罩在灯罩上，宫女右臂与体腔为空心相连，燃灯时起到烟道和消烟的功能。灯盘呈“豆”形，灯盘内留有槽，槽内有两片弧形屏板合拢组成圆形灯罩，灯盘可以转动，灯罩可以开合，调节照度和照射方向，也有挡风的功能。上述设计，充分体现出对科学的精确要求和考虑，而且实用的、科学性的功能设计与灯的造型设计完美地统一起来，令

图1—9　汉代设计制造的“长信宫灯”

人赞叹不已。同墓出土的朱雀灯（图 1—10），通高 30 厘米，以展翅欲翔的朱雀为灯身，灯盘由朱雀口衔盘平伸出去，盘径 19 厘米，盘体呈圆槽形，分为三格，每格中心部位有一烛钎；灯座为一盘龙造型，龙首上昂，双目注视朱雀口衔灯盘，上下呼应。朱雀灯如同“豆形灯”的结构一样，具有灯盘、灯身、灯座三部分，由于以朱雀作为造型，三个构成部分的设计便具有了很多特殊性。首先是朱雀口衔灯盘，足踏一盘龙，其灯盘几乎在整个灯垂直重心线的外侧，因此，灯盘的重量便是一个涉及物理学的重心设计问题，朱雀灯在添加燃料的情况下能否放置平稳，灯盘的重量和朱雀体态就成了决定性因素。从作品看，朱雀展翅欲飞的姿态正好与灯盘的空心槽处置相统一，即是美的造型与科学的物理关系取得了十分完美的统一和照应。为操持方便，一般青铜灯都有持握部分，朱雀灯将朱雀尾部处理成上翘状，成为一天然的把手，不仅便于持握，视觉上也起到了平衡的作用。起平衡作用的还有灯座，盘龙形灯座在最宽处约 15 厘米，龙体厚约 3 厘米，却能托住横宽约 38 厘米的灯身和灯盘，其设计也体现了力与美、科学与艺术统一的智慧。

图 1—10　朱雀灯

中国是古代世界著名的丝织大国，早在商周时代就能织造精美的提花织物，如文绮、文罗、织锦等。提花不仅需要一定的提花织机，而且提花织物本身也是科学技术与艺术统合的产物，从纤维到提花织物，这里有一个通过织物的结构和组织表现及物化装饰艺术语言的问题。从专业上看，织物结构即织物的几何结构，指经线和纬线在织物中相互之间的空间关系，一定的织物结构依赖于对织物机械物理性的科学把握，而织物结构及织物组织往往决定了织物的外观肌理和装饰风格、形式。就织物组织而言，各种组织形态都有一个二进制的具体结构，是科学性的，它决定了纺织操作的逻辑性（图 1—11）。现代计

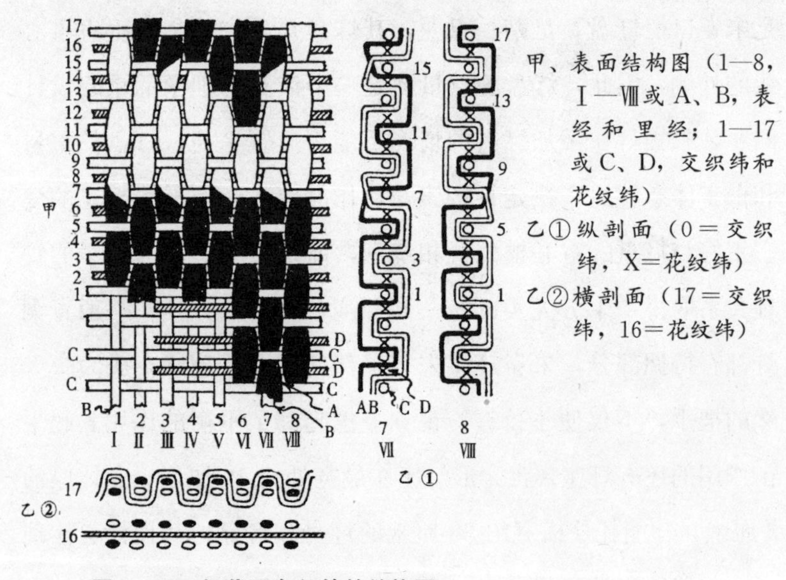

图 1—11　汉代两色织锦的结构图

算机也是建立在这种二进制结构基础上的，其操作与编织在性质上相同。对于工艺家来说，要实现自己对于提花织物如织锦、缂丝，编织物如壁毯、地毯的艺术设计，必须通过工艺的方式，将自己的艺术理想自觉地融合在织造和编织的科学性之中，使二者统一起来，即在编织或织造的秩序和过程中，艺术表现必须遵照操作的逻辑和程序，才能达到目的。对于艺术家而言，织物二进制的结构，是一个科学性的结构和预设的秩序，是先于装饰图案、绘画而建构的、必须依循的科学秩序。由此看来，织锦（图1—12）、缂丝（图1—13）、地毯等传统的中国工艺艺术，同样是科学与艺术高度统一结合的产物。

图1—12　汉代织锦

图1—13　南宋时期著名缂丝艺人沈子蕃所作“缂丝花鸟轴”（局部）

人类工效学是现代设计中的新兴学科，也是现代设计艺术进一步科学化的标志。人类工效学作为学科是新兴的，但在长期的工艺实践和工艺历史中，人们对人类工效学的原理与工艺造物的关系还是相当关注的，有的甚至是自觉的。这首先可以从陶瓷、青铜器、漆器、家具等生活用具的造型尺度来看，基本上是与人体的各种尺度和需要相适应。在工艺造物中，这种尺度的适宜，反映了艺术造物中追求的科学精神。《考工记》在“察车之道”曾谈到各种车辆尺度与人、马的关系，其云：“凡察车之道，欲其朴属而微至。不朴属，无以为完久也；不微至，无以为戚速也。轮已崇，则人不能登也；轮已庳，则于马终古登阤也。故兵车之轮六尺有六寸，田车之轮六尺有三寸，乘车之轮六尺有六寸。六尺有六寸之轮，轵崇三尺有三寸也，加轸与轐焉，四尺也。人长八尺，登下以为节。”车的各种尺度取决于人的尺度，所谓“轮已崇，则人不登也，轮已庳，则于马终古登阤也”，即说车轮太高，则人不易上下，轮太低，拉车的马就会十分费力如终日爬坡一样（图 1—14）。先秦时期在工艺造物中的这种建立在科学求实精神基础上的艺术设计思想几乎综贯在整个工艺历史之中，无论是家具、瓷器，还是其他生活用具，艺术的美都与科学技术的真与善结合在一起。

在这里，值得一提的还有中国古代科学仪器的设计与制造的问题。中国古代的科学仪器如天文仪器中的漏壶、圭表、浑

图1—14 汉代画像石中表现的中国古代造车的场景

仪、浑象以及地动仪、指南车等，都几乎是以艺术的造型设计制造出来的。东汉张衡的地动仪，“以精铜制成，圆径八尺，合盖隆起，形似酒樽”（《后汉书·张衡传》）。不仅有精巧的科学性的结构，如中间的“都柱”和“八道”等机械装置，其造型设计完全艺术化了。樽外八条含铜珠的龙及龙头下面设置相应的蟾蜍，以及整个地动仪都如一个精巧的工艺品。元代郭守敬制造的简仪、圭表、七宝灯漏、玲珑仪，宋代苏颂、韩公廉制造的水运仪象台以及明代制造的简仪（图1—15）等也都具有上述的特点。

图1—15 明代制造的简仪

除了上述所涉及的方面外，中国工艺艺术中的科学精神还体现在设计与养生等诸多方面。从物之用到对物之护生养生的要求，其中同样包蕴了众多的科学精神和内容。这里仅以清代曹庭栋的《老老恒言》为例，《老老恒言》又称《养生随笔》，是曹庭栋谈论老年人生活中的养生之道的书，在关于工艺设计的内容中不乏科学的思想精神，如："食取称意，衣取称体，即是养生之妙药"，"老年人着衣戴帽，适体而已，非为容也"。他设计的书桌，"长广任意，而适于用者"，不求雕饰，而在书桌下的踏脚处改固定的木踏脚为辘轳形滚动式，以时时起到按摩脚心"涌泉穴"的作用。或单制踏脚凳，名为"滚脚凳"，凳面"削而圆之，宽着其两头，如辘轳可以转动，脚心为涌泉穴，踏处时时转动，心神为之流畅"。明末清初著名戏曲家李渔设计了一种暖椅（图 1—16）和凉杌（小方凳），暖椅内设一贮炭火抽屉，"御尽奇寒，使四肢均受其利"，明人宋澹仙称："暖椅之制，众美毕具，慧人巧思，登峰造极，其名之曰笠翁椅（李渔，字笠翁）。"

图 1—16　李渔自己动手设计的暖椅

中国工艺艺术中的科学精神不仅具体展现在造物之中，也包蕴在丰富的工艺设计思想之中。先秦诸子强调的“以用为本”、反对雕饰的思想实质上就是一种科学求实精神的反映。如墨子的“为衣服之法……适身体，和肌肤而足矣，非荣耳目而观愚民也”，“为舟车也，全固轻利，可以任重致远”，而无须雕琢刻镂，髹饰文章。管子的“百工不失其功”，“古之良工，不劳其智以为玩好，是故无用之物，守法者不生”。韩非子关于瓦器与玉卮的论述更直接显明地表现出实用的价值观。这种科学的求实的精神一直存在于整个工艺发展史的全过程中。汉代王符有“百工者，以致用为本，以巧饰为末”的著名论议，北齐刘昼有“物有美恶，施用有宜……裘蓑虽异，被服实同，美恶虽殊，适用则均”的解说；宋欧阳修有“于物用有宜，不计丑与妍”之说，王安石云：“诚使适用，亦不必巧且华，要之以适用为本，以刻镂绘画为容而已。不适用，非以为器也。”李渔云：“一事有一事之需，一物备一物之用”，“凡人制物，务使人人可备，家家可用”，如“造橱立柜，无他智巧，总以多容善纳为贵”，“使适用美观均收其利而后可”。这些强调物之为用的思想无疑是一种科学求实精神，它对科学性的设计提出了根本的要求。

工艺造物中的科学精神，是广泛地表现在各个方面的，科学与艺术的结合作为人类生活的一种必然早已存在于我们的文化和文明的历史进程之中，这不仅说明了某种历史存在，也揭示出了某种历史发展的必然性，这就是艺术要更好地为人的生活服务，必须与科学密切地结合，借助科学的智慧与力量；而科学技术的艺术化、生活化也是科学技术发展的根本方向。没有对科学技术的运用与结合，工艺设计和工艺艺术不可能产生新质和具有创造性、生命力。人类的工艺设计史表明，科学技术要进入人的生活，不与艺术相结合就不能在人和生活中扎根，与艺术相结合，即以艺术化的存在方式为人服务。工艺设计对于科学技术而言是其艺术化、生活化的存在方式和形式，是科学技术向生活转化的通道。同样，工艺艺术与科学技术结合，也为自身的发展提供了根本的保证。因此，科学与艺术的结合对于艺术与科学而言不仅揭示了各自发展的新方向，展现了各自的新天地，它在带来人类科学和艺术的新发展的同时，会更深刻地影响人类文明的发展与进步，为解决大工业社会的一些问题带来曙光。

第二节　艺术设计

一　“设计”的概念

设计（Design），这个使用日益广泛的词，在汉语中最基本的词义是设想与计划。《新华辞典》将设计解释为“在做某项工作之前预先制定方案、图样等”。“设”，在汉语中作为动词，有安排、建立、构筑、陈列、假使等含义，由此复合为设置、设想、设法、陈设、设施、设计等词；“计”，在汉语中动词名词兼用，名词有如计谋、诡计，动词如计算、计议、计划等等，计议、计划诸词又有名词的词性，因此，“计”作为动词有计划、策划、筹划、计算、审核等义。“设计”一词几乎综合和包容了“设”与“计”的所有含义，从而具有较为宽泛的内涵。

作为与英语“Design”对译的词，设计主要指设想与规划。外研社《实用英汉辞典》对“Design”的解释是，作为动词有设计、立意、计划的含义；作为名词有计划、草图、风格、图案、心中的计划（设想）等义。“Design”为复合词，由词根“sign”前缀“de”组成，在英语中“sign”含义广泛，具有方案、计划、标记、构想等语义，着重标识已成的状态；前缀“de”则含有实施、制作等的动态语义，强调组合、重复、肯定、否定等动作行为。因此，“Design”一词的根本语义是“通过行为而达到某种状态、形成某种计划”，是一种思维过程和一定形式、图式的创造过程。

从语源上看，“Design”来源于拉丁语“Designara”，其演变路径是：“Designara”（拉丁语）、“Designarn”（意大利语）、“Desegno”（意大利语）、“Dessein”（法语）、“Design”（英语）。在数百年中，“Design”一词的词义内涵和重点不断发生变化，基本上可以分为古典、近代、现代三个阶段。15 世纪前后，意大利语的“Desegno”标示为“艺术家心中的创作意念”，这种意念以草图的方式表现出来，因而，其定义是：“以线条的手段来具体说明那些早先在人的心中有所构思、后经想象力使其成形，并可借助熟练的技巧使其现身的事物”，即将艺术家在心中构思的作品现实化。18 世纪，“Design”的词义仍限定在艺术范畴之内，1786 年初版的《大不列颠百科辞典》对“Design”的解释是：“艺术作品的线条、形状，在比例、动态和审美方面的协调。在此意义上，Design 与构成同义，可以从平面、立体、结构、轮廓的构成等诸方面加以思考，当这些因素融为一体时，就产生了比预想更好的效果。”

18 世纪以后，大机器工业的发展导致设计观念的变革，真正现代意义上的设计的观念由此而确立起来，“Design”的概念及其语义开始突破美术或纯艺术的范畴而趋于宽泛，其概念犹如英国《韦伯斯特大辞典》对“Design”的解释，《韦伯斯特大辞典》对“Design”的解释是：作为动词有：1）在头脑中想象和计划；2）谋划；3）创造独特的功能；4）为达到预期目标而创造、规划、计算；5）用商标、符号等表示；6）对物体和景物的描绘、素描；7）设计及计划零件的形状和配置等含义。作为名词则表示：1）针对某一目的在头脑中形成的计划；2）对将要进行的工作预先根据其特征制作的模型；3）文学、戏剧构成要素所组成的概略轮廓；4）音乐作品的构成和基本骨架；5）音乐作品、机械及其他人造物各要素的有机组合；6）艺术创作中的线、局部、外形、细部等在视觉上的相互关系；7）样式、纹饰等等。《牛津大辞典》同样将“Design”的词义分为动词和名词两部分，作为名词的语义一是心理计划的意思，指思维中形成意图并准备实现的计划乃至设计；二是意味着艺术中的计划，尤其指绘画制作准备中的草图之类。从词源上看，“Design”的名词词义是综合了法语 Dessein（图案）和表示素描的 Dessin 两词的结果。作为动词的“Design”，来自拉丁语的“Designare”，一是意味着指示；二是建立计划、进行构想、规划；三是指画草图、制作效果图等。

1974 年第 15 版的《简明不列颠百科全书》对“Design”又有了更明确全面的解释：“美术方面，设计常指拟定计划的过程，又特指记在心中或者制成草图或模式的具体计划。产品的设计首先指准备制成成品的部件之间的相互关系，这种设计通常要受到四种因素的限制：材料的性能、材料加工方法所起的作用、整体上各部件的紧密结合、整体对于观赏者、使用者或受其影响者所产生的效果。产品设计图案是应用艺术作品。在美术中，设计本身就是一种创作过程，而在建筑工程中设计则仅是体现适当观念与经验的简明记录。在建筑工程和产品设计中，艺术性和工艺性有融合为一的趋势，这也就是说，建筑设计师、工艺工人、制图员或工艺美术设计师既不能仅仅根据公式进行设计，又不能如同画家、诗人或音乐家那样自由设计。在各种艺术特别是艺术教学方面，设计一词含义广泛，指构图、风格和装潢而言。用作构图解时，设计指物件所具有的各种内在关系的体系（人们以分析的眼光，认为这种体系是脱离物件的部分或整体而孤立存在的）。拉斐尔所作《圣母立像》的设计，就是取的这个意义。新古典派的设计就是指新古典主义风格的设计。满地花纹设计图案，就是布满一定面积而规律性地反复出现的装饰花样。”①

这里，“Design”语义的核心即所强调的是为实现一定的目的而进行的设想、计划和方案之义。不仅设计的范畴扩展到一切创造性的、为相关目的而进行的物质生产如人造物的领域，

① 《简明不列颠百科全书》，北京，中国大百科全书出版社，1986。

也包括文学、艺术等的精神生产领域，甚至包括经济规划、科学技术发展的前景、国家大政方针等诸方面的决策和方案等。只要是为了一定目的而从事设想、规划、计划、安排、布置、筹划、策划的都可以说是“设计”，即如赫伯特·西蒙所说：“凡是以将现存情形改变成向往情形为目标而构想行动方案的人都在搞设计。”①

由此可见，作为名词的“Design”，最本质的意义是计划乃至设计，即预设一定的目标并为此而建立方案。若对此作进一步限定，则专指与艺术有关的计划与设计。日本学者利功光指出：“艺术在狭义上意味着美术的观念，Design又特别意味着在绘画、雕刻、建筑、工艺中视觉造型诸构成因素的配置，大约与绘画中的构图（Composition）同义。假若只特别强调这些配置的抽象形式关系，则又意味着意匠或图案。而这些都可以作为本来的古典意义，而新的限定是以美和有用性为目标的工业计划乃至设计是以大工业机械生产为前提的工业设计。”②

汉语中的“设计”，最早是“计谋”的意思。《三国志·魏志》高贵乡公髦传中有：“赂遗吾左右人，令囚吾服药，密因鸩毒，重相设计”的记载，元尚仲贤《乞英布》第一折有“运筹

① ［美］赫伯特·西蒙：《人工科学》，111页，北京，商务印书馆，1987。
② ［日］利功光：《设计的本质》，载《设计》，1988（1）。

设计，让之张良，点将出师，属之韩信”之语，其“设计”是设下计谋。在近现代，这一层面上的含义已日益淡化，主要指设想与规划。

在20世纪初，中国的有识之士为发展民族工业、参与国际经济与市场竞争，开始注重产品的装饰与设计，“Design”的概念已开始在中国出现，按照当时的认识与习惯，特别是来自日本的影响，“Design”被译为“图案”、“美术工艺”或“工艺美术”等词。俞剑华在其编著的可以说是中国第一本设计技法专著《最新图案法》总论中写到：“图案（Design）一语，近始萌芽于吾国，然十分了解其意义及画法者，尚不多见。国人既欲发展工业，改良制造品，以与东西洋相抗衡，则图案之讲求，刻不容缓！上至美术工艺，下迨日用杂器，如制一物，必先有一物之图案，工艺与图案实不可须臾离。”俞剑华将Design译成为“图案”，这在当时是容易被社会所理解和接受的，当时的所谓“图案”，包括平面的纹饰和立体的设计图样、模型在内。与图案一样，“工艺美术”一词也是标示“Design”的，据现有资料，最早提出“工艺美术”这个词的是蔡元培，1920年蔡元培在《美术的起源》一文中写道：“美术有狭义的，广义的，狭义的，是专指建筑、造像（雕刻）、图画与工艺美术等”，他并注意到当时西方设计的发展以及与经济发展的关系，提出“近如Morris（即威廉·莫里斯，英国艺术手工艺运动创始人，现代设计之父）痛恨美术与工艺的隔离，提倡艺术化的劳动，倒是与初民美术的景象有点相近。这是很可以研究的问题”。1930年代，人们对发展工业设计有了更迫切的认识，柳林在《提倡工艺美术与提倡国货》一文中指出：“工艺美术即日常生活用品而经美术设计制造之技术，此种技术的结果世人称为工艺美术品或美术工艺品以与寻常有简易粗笨的工艺制品相对立。”他在文章中认为当时欧美、日本等国工业产品大量倾销我国城乡，主要原因就是他们注重设计，即注重产品的形式和质量，价格低效用大，而我国的产品则形式丑陋，“这是很明显的完全是由于我国制造家实业家忽视工艺美术之重要，不以工艺美术为商品竞争之必要工具”的结果。

当时的专家、学者对设计的认识还是清醒和深刻的。张德容在1935年创刊的《美术生活》上撰文指出：“工艺美术在中国是一个新名词，其实并非一种新事业，已有数千年的历史”，“所谓工艺美术，即实用美术。换言之：凡于日常生活器具之制造上加以美术之设计者，即得谓之工艺美术。所以工艺美术与人类日常生活，是有密切的关系。”从名词上看，设计似乎是一个新名词，但早在人类造物的初期，设计就本质性地存在了。即一切人造物都是设计的产物，都有一个设计的过程。

“Design”与汉语原有词汇“设计”在本质上是一致的，与汉语中的意匠、图案等词义相近。中国汉语“设计”一词的多义和适用与“Design”在英语世界中的多义使用的事实几乎遥相呼应，两者都随着时代和环境的变化而获得新的含义。

二　设计的定义

设计是人类改变原有事物，使其变化、增益、更新、发展的创造性活动。设计是构想和解决问题的过程，它涉及人类一切有目的的价值创造活动。诚如每个人都能作出一定的设计一样，几乎每个人都能给出一个关于设计的定义。如设计是“一种针对目标的问题求解活动”（阿切尔：《设计者运用的系统方法》1965）；“是在特定情形下，向真正的总体需要提供的最佳解答”（玛切特：《创造性工作中的思维控制》1968）；是“从现存事实转向未来可能的一种想象跃迁”（佩齐：《给人用的建筑》1966）；设计是“一种创造性活动——创造前所未有的，新颖而有益的东西”（李斯威克：《工程设计中心简介》1965）；“作为一种专业活动，反映了委托人和用户所期望的东西；它是这样一个过程，通过它便决定了某种有限而称心的状态变化，以及把这些变化置于控制之中的手段”（雅克斯：《设计·科学·方法》1981）。阿克在《设计研究的本质述评》中认为，“设计像科学那样，与其说是一门学科，不如说是以共同的学术途径、共同的语言体系和共同的程序，予以统一的一类学科。设计像科学那样，是观察世界和使世界结构化的一种方法。因此，设计可以扩展应用到我们希望给以设计者身份去注意的一切现象，正像科学可以应用到我们希望给以科学研究的一切现象那样”①。设计作为一种社会——文化质的活动，“一方面，设计是创造性的，类似于艺术的活动，另一方面，它又是理性的，类似于条理性科学的活动”（迪尔偌特：《超越“科学”和“反科学”的设计哲理》，1981）。

“设计”就其动词性的本义而言，其结构是开放性的，因此，人们就有可能根据其动词词义去进行定义和概念分析。当然，这种定义和分析，必然性地带有时代的色彩和局限性。

1950年美国学者麦德华、考夫曼·琼尼在论述现代设计的著作中曾提出关于设计的12项定义，其具体内容是：

1. 现代设计应满足现代生活的实际需要；
2. 现代设计应体现时代精神；
3. 现代设计应从不断发展的纯美术与纯科学中吸取营养；
4. 现代设计应灵活运用新材料、新技术，并使其得到发展；

① 转引自杨砾、徐立：《人类理性与设计科学》，13页，沈阳，辽宁人民出版社，1987。

5. 现代设计应通过运用适当的材料和技术手段，不断丰富产品的造型、肌理、色彩等效果；

6. 现代设计应明确表达对象的意图，绝不能模棱两可；

7. 现代设计应体现使用材料所具备的区别于他种材料的特性及美感；

8. 现代设计须明确表达产品的制作方法，不能使用表面可行、实际却不能适应大量生产的欺骗手段；

9. 现代设计在实用、材料、工艺的表现手法上，应给人以视觉的满足，特别应强调整体效果的满足；

10. 现代设计应给人以单纯洁净的美感，避免烦琐的处理；

11. 现代设计必须熟悉和掌握机械设备的功能；

12. 现代设计在追求豪华情调的同时，必须顾及消费者节制的欲求及价格问题。

这12项定义，准确地说是现代设计应注意的事项，这也许表明了50年代西方设计的基本倾向，如注重产品的功能，而对于产品与人和环境的关系的关注较少。

成立于1957年6月的国际工业设计学会联合会（ICSID），以专业组织的身份先后对工业设计作了几次定义。1964年其受联合国教科文组织委托在比利时布鲁塞尔举办的工业设计教育讨论会上，对工业设计作了如下定义：“工业设计是一种创造性活动，它的目的是决定工业产品的造型质量，这些造型质量不但是外部特征，而且主要是结构和功能的关系，它从生产者和使用者的观点把一个系统转变为连贯的统一。工业设计扩大到包括人类环境的一切方面，仅受工业生产可能性的限制。”

1980年联合会在巴黎举行的第十一次年会上把定义修改为：

“就批量生产的工业产品而言，凭借训练、技术知识、经验及视觉感受而赋予材料、结构、形态、色彩、表面加工以及装饰以新的品质和资格，叫做工业设计。根据当时的具体情况，工业设计师应在上述工业产品全部侧面或其中几个侧面进行工作，而且，当需要工业设计师对包装、宣传、展示、市场开发等问题付出自己的技术知识和经验以及视觉评价能力时，这也属于工业设计的范畴。”

这是一个被广泛接受的定义，从内容来看，它首先表明了设计的创造性质和意义；第二，注重产品的内部结构、功能与外观形态的统一；第三，从人的需要出发，即从“实用、经济、美观”的基本原则出发，以造物的实用功能或实用价值的实现为基点，运用科学技术和大工业生产的条件，达到为人所用的目的。从根本意义上说，设计本身不是目的，它是人为实现自身目的而使用的手段和方式，往往表现为一个过程，设计的目的是人而不是物，人是设计的根本和出发点。因此，设计师的工作首先与社会价值相联系，与人的需求相联系，而不是与物质相联系。

与人的需求相联系，人的需求是多方面的，在基本的生活需求满足以后，更高一级的精神需求往往成为主要的需求，这种精神需求又往往是与物质需求相统一相融合的东西，是更需要设计师关注的人性需求。设计从物向人的转变，是设计在20世纪最深刻的转变之一。英国工业设计委员会顾问彼得·汤姆逊认为，正是这种在设计中对人的真正关注、对实现人性需求的关心和努力，导致了英国目前的一场第一次工业革命以来的第二次革命，这场设计革命安静、平稳但深刻激烈。80年代末期他在中国讲学时曾提出现代设计的五个基本原则，这些基本原则反映了西方现代设计在当代的一些本质内涵和发展趋向，其内容是：

> （1）完整性原则，一件产品不可仅局部好看，好用，而必须具有完整性；（2）变化原则，所有的东西都是在不断变化之中的，人的需求、欲望也在不断地改变，设计要了解人的需求的改变，并通过设计来不断地满足；（3）设计的资源，包括两方面，一方面是工业方面的材料、能源、工具运输等，一方面是设计师本身作为一种资源，是整个设计活动中的资源，要量力而行，不断补充自己；（4）综

合原则，即充分了解市场、消费、人的需求、工业技术诸多因素，综合考虑，在设计中加以体现，以满足人的需求；(5) 服务原则，工业设计师的工作是起协调和衔接作用的，它把生产与消费联系在一起，为人设计，为人服务。

20世纪90年代，由于整个全球自然环境的恶化，导致了设计界对环境的进一步关注，使设计从关注人与物到关注人与环境及环境自身的存在，出现了关注生态环境的设计思想和设计潮流。设计的定义也应该据此作出相应的修改。

三　设计的范畴

设计，根据不同对象大致可以分为五大类：(1) 现代建筑设计、室内与环境设计；(2) 产品设计；(3) 平面设计；(4) 广告设计；(5) 织品与服饰设计。在20世纪80年代，设计在一定意义上被称为“工业设计”，即工业设计包括了以上五方面的内容，这在其他一些国家也有如此的分类。如在英国，工业设计指一系列的设计活动，其中包括染织和服装设计、装潢设计、陶瓷、玻璃器皿设计、家具和家庭其他用品设计、室内陈设和装饰设计，以及机械工程产品设计等。在法国，工业设计初始时代称为“工业艺术”，后来才确定为“工业设计”，包括产品设计、产品包装、产品造型，以及城市、社会与视觉传达和环境保持等有关的设计内容。日本的工业设计中还包括园林设计、城市规划之类的内容。随着现代设计的发展和学科建设的完善，因工业设计包括其他方面的内容而带来许多的不确定性，难以准确界定不同专业的联系与区别，因此，设计界普遍倾向于按照设计的类型划分不同的设计，如产品设计、平面设计等。在中国，经过十多年的发展，设计界也取得了共识：工业设计主要指产品设计。

就世界性设计学科的发展和建设来看，上述划分应该说是比较合适的。王受之在《世界现代设计史》中将设计分为七部分，他将织品与服饰设计单列，并将为平面设计和广告设计服务的技术部门如摄影、电影与电视制作、商业插图单列为一类。

设计可以不同的方式进行分类，除大类外，还可以分为许多细目，如建筑与环境设计方面，有都市规划设计、社区规划设计、住宅规划设计、商业建筑设计、住宅建筑设计、室内设计、园林设计；产品设计有汽车设计、家用电器设计、家具设计、文具设计、工具设计等；平面设计有装潢设计、包装设计、企业形象设计、书籍整体设计等。

每一类设计都有自己的内涵，如产品设计，即“工业设计”(Industrial Design)，它是在现代工业化生产条件下，运用科学技术与艺术方式进行产品设计的一种创造性方法。这里的工业设计不是工业的机械结构设计，而是工业艺术设计，它主要解决在一定物质技术条件下工业产品的功能与形式、构成的关系，通过产品造型设计将功能、结构、材料和生产手段统一起来，实现具有高质量和较高审美向度的合格产品的目的。其设计，常在悦目和崭新的外在形式下，表现了内在合理而科学的功能结构，降低了产品成本，提高了生产效益，满足了消费者的利益，体现了社会发展进步的要求（图1—17）。

图1—17　“字典83DL”形打字机

意大利马利奥·贝里尼设计小组1976年为奥利维蒂公司设计。

第三节　造型与装饰

一　造型与形态

艺术设计的主要任务是造型，是利用一定的材料使用一定的工具和技术为一定目的而创制的结构。设计的本质和特性必须通过一定的造型而得以明确化、具体化、实体化，即将设计对象化为各种草图、示意图、蓝图、结构模型、产品……通过艺术的形式、物态化方式展示和完成设计的目的。设计在一定意义上是作为艺术的造型设计而存在和被感知的，即是一种"形式赋予"的活动。

没有造型即没有产品的存在，作为艺术造型而存在的艺术设计是"以明了的观念作为最终艺术品的充分前提，以推进其实现并达到目标的现实手段为基础，是带来明确记录结果的创造过程中的全部活动"①。设计活动是综合性的形的确立和创造，它不是对某一现存对象的操作，也不是对物的再装饰和美化，而是从预想的建构开始就是一种创造，是形的新的生成。

造型是设计的基本任务，形是设计的基本语言，造型与造物

---

① ［日］利功光：《设计的本质》，载《设计》，1988（1）。

是密切相连的。任何实在的物都有形的存在，形是视觉可见的，触觉可触的，它包括色彩和质量的概念。人有意识地去创造形象都可以称之为造型，即使是烹饪时切萝卜，是切丝还是切三角块都可视为一种广义的造型活动，这与雕塑家的造型创作有本质上的一致性。造型的过程可以归纳为要求、设计、制作和使用四方面，严格说要求、使用两方面并不属于造型活动，只是有造型活动必先有一定的要求，而造型的结果必然与使用相联系。造型的造型计划就是设计。当然，大千世界的造型极为广泛，工程师用钢材制作齿轮是在造型，服装师制作服装也是在造型，画家在画布上涂布色彩也是在造型，这样，造型设计必然存在着不同的层次，我们所谓的造型设计，主要是指在艺术的造物这一限定下的产品造型。工程师制作齿轮过程中的造型是考虑物与物关系的造型，产品的造型则是在人与物的基点上用与美的关系中产生的造型，画家的造型则纯粹是与人的精神和心理发生联系。

形的建构是美的建构，设计师的造型之所以不同于工程师的结构造型，区别的关键就在于前者是美的造型，艺术的造型。这种造型既包括表面装饰性的形如纹样、符号、表面色彩等，也包括依据合理的功能结构而设计的外形。也许一切可以为人直观的东西都是形，在设计中的造型之美必然首先是能够为人视觉或其他感观能够知觉的形，那些在使用中永远可以不让人看到的内在结构之形理当不在设计师的造型任务之列，因此，强调功能美和反对表面装饰，并不能把设计师进行主要是表面造型设计的职责予以否定或夸大，无论造型设计怎样处理与内在结构的关系，设计师的立足点只能是外化的艺术造型。即主要诉诸视觉感官、手感等感官的造型。它是所有各类设计生产环节中的一环，而不是全部，工业艺术设计师是包括工程设计师在内的众多设计师中的一员，其设计自然必须包括工程师一类的设计师的互为合作，工业艺术设计师不能也不可能包办其他设计师的工作。从这一意义上看，工业产品造型设计，其造型的可变性仍受到来自工程结构、科学、材料诸多方面的限制，在限制的基础上追求造型的多变和多样化。

产品的形态一般分为功能形态、装饰形态（或符号形态）、色彩形态三类。

所谓功能形态，即产品的物质性的结构，这种结构是因一定的功能而生成的，是由材料的相互关系而决定的。如木材可以制作椅子也可以做成桌子，材料相同，而结构不同，其产品的功能也就不同。同是椅子，用金属和塑料来制作，材料不同，但只要结构类似，其功能仍不变。由此可见，产品的结构一方面与材料相关，材料是结构的基础；另一方面，产品的功能主要是由结构所决定的，结构是产品功能的载体，没有结构就没有产品的功能。

结构有层次性、有序性、稳定性等特点，产品的结构也是如此。结构的层次性是由产品的复杂程度所决定的，任何产品都有若干不同的层次，如汽车，有发动机、车身、底盘、操纵装置等，发动机又可分为缸体、缸盖、活塞、连杆等组件，组件上又有不同的零件，从整体到局部到细部形成不同的层次性，层次性也可以说是一种系统性，是系统与子系统的组合与构成。有序性是指产品的结构都是合目的性与合规律性的统一，结构是因一定的功能需要而产生的，因此，各个部分之间的组合与联系是按一定要求、有目的、有规律性地建立起来的，不是杂乱无序的凑合（图1—18）。产品设计和生产的过程是将产品的各种材料、部件由无序转化为有序的过程，有序性是产品结构的特性之一，是实现功能的保证，也是产品结构得以确立的前提。所有的结构都具有稳定性的特征，因为只有稳定才能有结构的存在。产品作为有序性的整体，其材料之间、部件之间的相互关系都处于一种平衡态，即使在运动中，在产品的使用过程中，这种平衡态是一直保持着的，它的存在与产品正常功能的发挥联系在一起，正因为其平衡，产品才具有牢固性、安全性、可靠性

图1—18　汽车发动机是一个复杂的系统结构

和可操作性（图 1—19）。如同事物的稳定性总是相对的一样，产品结构的稳定性也总是相对的，随着产品的使用和功能的不断实现、其物质和能量的转换，结构的平衡性逐渐丧失，产品的使用寿命也逐渐缩短，平衡性的消失，也就意味着结构的解散，功能系统的完结。产品的使用过程是从有序转化为无序的过程，是从平衡态转化为失衡态的过程。

图 1—19　汽车的设计最典型地体现了产品设计的各种要素和内在规定性

结构是功能的物质载体，结构本质上是功能的结构，它依据产品的功能和目的来选择和建立的。结构因功能而存在，功能因结构而得以实现。同一种结构可以有多种功能，如泵的结构与风扇的结构相似，功能却不相同；而同一功能，会有一些不同的结构，如洗衣机有滚筒式和涡轮式的机械结构型，有超声波振动型的，结构差别很大，功能则相同。

一般而言，产品的结构决定了产品的外部形态，这种受制于结构的形态可以称为功能形态，除此之外，有的形态不完全由结构来决定和表现，而具有较大的独立性，这就为装饰形态的产生和发展提供了空间。我们把产品的所有外部特征都归为产品的装饰形态，产品只有通过其外部形式才能成为人的使用对象和认识对象，发挥其功能。产品的装饰形态多种多样，可以说是无限的。装饰形态也有不同的层次，如与功能相联系的装饰形态，纯装饰的形态等等。

形态又是一种符号，它是产品自身的外在形象和信息综合体，是产品的表征，形态因而是产品质量和造型质量的反映。形态作为产品本身的一种语言和符号，这种语言和符号常常是可理解的，易记忆和易认识的，又总是具有象征性和寓意的，人们通过产品的装饰形态，可以联想到它的功能或更多的方面，如感觉到历史感、时代感、民族性或产品的拥有而带来的荣誉感和满足感等等。

色彩形态是产品的色彩外观，是色相和色度的表现。色彩形态不仅具有审美性和装饰性，而且还具有符号意义和象征意义，如红色象征革命、热烈；白色象征素洁；绿色象征生命、春天、和平；等等。在视知觉的研究中，色彩形态或者说颜色视觉的研究已成为一个重要的分支。色彩知觉是人类特有的知觉体系，科学研究发现，灵长目以下的哺乳动物几乎都不具备颜色知觉，如宠物猫和狗它们所看到的是一个灰色的世界，而没有其他色彩。人类靠自身的几种感受器，感受着大千世界成千上万种颜色及其变化，靠传递速度最高脉冲频率稍低于1 000周/秒的神经系统接受着高达千万亿周/秒的色彩光的频率。色彩形态对于人类具有重要意义，不仅因为它是一种重要的形态；它还是视觉审美的核心，深刻地影响着我们的视觉感受和情绪状态。

在产品设计中，造型的形态又表现为产品的内容，是它作为产品的内在规定性。全面地看，艺术设计的内容包括两方面，一是物质性内容，来自造型结构、功能方面，这是内容的主体部分；二是精神方面的内容，包括装饰纹样、符号、寓意和象征性、风格、民族性等。

产品设计中的内容，第一要素是功能所体现的内容。一个没有装饰纹样的水杯，并不因为没有纹样而缺少形式，有形式也就有内容，它的内容不是内装的水，而是杯子之所以作为杯子而存在的存在，即它的功能和物性。杯子一定的质地、质量、口径等尺度以及喝的功能性就是它的本质性内容。诚如日本美学家竹内敏雄所言："产品的功能作为内在的活动而在生意盎然的形态中表象出来，它作为充实而有光辉的东西为人体验时，就相当于艺术品的内容。"① 这无疑是深刻而富有启示的。

① ［日］竹内敏雄：《论技术美》，见《技术美学与工业设计》，第1辑，13页，天津，南开大学出版社，1986。

内容的另一方面是由装饰所表现的，如各种纹样、图形、附饰等。装饰的内容题材十分广泛，既有表现生活的题材，如故宫收藏的青铜器“晏乐植桑纹壶”表现的植桑劳动、水陆攻战纹鉴装饰纹中的水陆功战的场景等；也有表现自然世界的题材，如花草树木、山川河流、飞禽走兽。这些内容是工艺装饰的内容，是整个工艺内容的一部分，具有表象性，也容易为人所注目和认识。

产品设计的形式，大致上也可以分为与内容相应的两类不同形式，一是体现功能的形式，表现为共性的；二是表现审美的装饰化的形式，具有个性特质。前者为一种因功能而确立的造型结构形式，后者则为表象化的外在装饰形式。前者一般是立体的，后者常为平面的。工艺形式不仅是表面装饰，而是内容的形式，是“那种构成作品的独一无二、经世不衰的同一的东西，那种使一件制成品作为一件艺术作品的东西——这种实体就是形式。借助形式，而且只有借助形式，内容才获得其独一无二性，使自己成为一件特定的艺术作品的内容，而不是其他艺术作品的内容”①。

艺术设计的形式是由内容即由产品的功能所决定的，因为要喝水，那就产生了杯子的形式，要贮藏就产生了罐、瓮、缸

① ［美］马尔库塞：《审美之维》，193 页，北京，三联书店，1989。

之类的形式，要炊煮，就有了锅、鼎、鬲的形式。但形式不完全是派生的和被动的，它有自身的活跃性和可变性，同一种功能的内容，却可以有多种适应的可变形式，如喝水的杯子，各种形式的都有，形式的可变性实质上是内容可变性的反映。

内容与形式在工艺中是互为一体的。内容与形式的划分是相对的，是研究时采用的一种分析方法，而在工艺的存在中，工艺的内容与形式不是分离的两种存在。内容与形式的关系是一个有机统一的关系，在这一关系中，内容与形式既互为而存在，又互为而转化。因此，分析内容常反证形式，分析形式又确证着内容。英国学者阿诺·理德认为艺术中的形式可以具有好几层意思，其中最一般的含义有：

> (1) 指与作品所“体现”的内容或精神相对立的“形体”。在视觉艺术中就包括色彩和形状，与它们所表现的意义相对而言。如果形式意味着与内容相对立的形体，如果说艺术的形式揭示了它的内容，那就等于说在审美体现中，形体真的能表达出它的内容。(2) 形式可以意味着与感觉相对而言的“形体”的“外形”方面。例如形状之于色彩；旋律的节奏、速度，结构之于它所赖以构成的音响价值。在造型艺术中一般地说形式意味着与材料或媒介物相对称的“形状”。(3) 形式也可能意味着较之某一特定艺术作品这样或那样的特定形式或更加普遍的某种艺术类型，它可

能意味着某一类形式的类别。①

在艺术设计中，来自功能的形式，即造型的结构形式，表达了它的内容，这即阿诺·里德所谓的“艺术形式揭示了它的内容”的形式第一层意义。在艺术中，意味着与感觉相对的形体“外形”方面也绝不仅是纹样装饰，从工艺的外形方面而言，它有结构的形、纹样的形、色彩的形等方面，结构的形是主要的形，但常为人所忽略。而最为人注意的就是纹样的形、装饰化的形，如彩陶纹饰、青铜纹饰、漆器装饰、织物的纹样等。

因此，产品的形式，即使是作为外表装饰的形式与内容也是有一定联系的形式，结构的形式更是与内容不可分离的形式。

产品设计的内容、形式以及两者之间的关系可以界定在不同的层次上，即内容、形式有不同层次的表现，两者互为关系也处于不同的层次关系之中。但一般而言，产品的内容与形式是一体的，有时形式就是内容，内容就是形式。

二 装饰与形式

装饰艺术是人类历史上最早的艺术形态，也是人类社会最普遍的艺术形式，因此，装饰艺术对于其他造型艺术具有重要

---

① ［英］阿诺·里德：《艺术作品》，见《美学译文》，第1辑，129页，北京，中国社会科学出版社，1982。

的价值和意义。

图 1—20　德国洛可可时期的室内装饰繁华而富丽

艺术的起源可以说是以装饰的出现为标志的，几乎在所有艺术的历史上，装饰艺术有史以来就没有间断过，并且有各自时代风格的印迹。有时装饰艺术成为整个时代艺术的主要形式，如中国的明清和西方的巴洛克、洛可可时期都是装饰艺术的鼎盛期，这些时期的装饰艺术往往集建筑、雕刻、绘画与陈设一体，代表着时代的文化和艺术水平（图 1—20）。

艺术史家沃林格曾认为装饰艺术的本质特征在于："一个民族的艺术意志在装饰艺术中得到了最纯真的表现。装饰艺术仿佛是一个图表，在这个图表中，人们可以清楚地见出绝对艺术意志独特的和固有的东西，因此，人们充分强调了装饰艺术对艺术发展的重要性。"① 沃尔夫林甚至认为"美术史主要是一部

① ［德］沃林格：《抽象与移情》，51 页，沈阳，辽宁人民出版社，1987。

装饰史”，这不仅因为“绘画的模仿是从装饰发展来的——作为再现的设计图案过去是产生于装饰的——这种关系的后效应已影响到整个美术史”，而且模仿自然的整个过程都固定在对装饰的感觉上，似乎“一切艺术的观看都被束缚在某些装饰的图式上，或者——重复一遍那句老话——可视的世界对于眼睛来说被结晶于某些形式上”①。装饰是表现性的、形式化的，它诉诸视觉，并以美的形式符号刺激感觉、满足感觉，最终还改造接受者的感觉，陶冶和发展人的造型的想象能力。

在世界范围内，即使是在古代人类以及民族之间互为隔绝的情况下，装饰艺术的形式都有很强的共同性，即趋同倾向。无论是东方还是西方，装饰图案无处不在，而且常常有着惊人的相似。其内在的原因可以归集为以下几点：

第一，从装饰的起源上看，人类审美的基本要素如对称、光洁以及几何形的观念通过劳动而逐渐产生和生发，这一过程普遍地发生在不同人种的不同地区，进而发展为较为复杂的装饰形式。完全可以确认的是——实用的价值要求构成了人类装饰的出发点，而人的实用要求基于人的生物本能，人的生物本能如饥则食、寒则衣，则是共同的。即使是明显地背离装饰的

① ［瑞士］H. 沃尔夫林：《艺术风格学》，257页，沈阳，辽宁人民出版社，1987。

实用性而形成的所谓为装饰而装饰的现象，在其背后仍可以寻觅到潜在的“实用之根”。这一点也决定了装饰艺术作为工艺美术的一个重要组成的根本属性，决定了装饰艺术在整体上与其他纯艺术之间的本质区别，因为其他艺术形态的生发与完成是可以不受实用性限制和规范的。正是这种实用性，规定和决定了装饰作为艺术而不同于其他一般艺术的存在方式和形式。如建筑装饰，它的存在是为实用所规定了的，哲学家伽达默尔曾认为建筑艺术本身就其本质来看就是装饰性的，而装饰的本质恰恰在于它造成了建筑艺术所具有的一种双向传导：即把观赏者从自身引向其所伴随的生活关联的更广阔整体之中。[①] 正是这种广阔而整体性的与生活的关联，即来自于实用基点上的关联，使装饰或建筑本身并不成为自身的目的，而仅成为一种附属的东西。

可以认为装饰与被装饰物的关系最终还是表现为实用与审美、功用与形式、功能与价值之间的关系。由此看来，工艺中的装饰不是一种自由的艺术和自在之物，它被置于装饰物之母体上或母体之中，作为其承受体的外在表现，而不是装饰自身的自我表现（图 1—21）。装饰是表现性的，是作为中介和过程的双重性事物。

① 参见［德］H.G. 伽达默尔：《真理与方法》，232 页，沈阳，辽宁人民出版社，1987。

第二，在视觉艺术的层次上，装饰的图形化、图案化以纯粹的形式为视觉接受者提供和辅助了一个视觉的承受方式和视觉逻辑。这种视觉逻辑“并不是构成几何学的空间关系的概念性逻辑”，而是来自人生物本能的视觉逻辑，它决定了人的感知方式和愉悦程度、喜好。诚如巴恩斯在《绘画里的艺术》中谈到图案装饰时写到的那样：“这种装饰美之所以有感染力，大概是因为它能满足我们自由而愉快的感知活动的一般要求，我们的感官需要适当的刺激……装饰就能迎合并满足运用官能以寻求愉悦的需要。”① 苏珊·朗格在解释其中原因时也指出：“那些基本的形式——平行线、‘之’字线、三角形、圆和旋涡线——在感觉原理上是以本能为基础的；而且在这些图形里，表现由视野的某种结构所引起的冲动是如此的直接，结果这种表现实际上并未受到文化影响的扭曲，而以极其朴素的线条记录下了一段视觉经验。”他认为，“在装饰形式的结构中变得显而易见的视觉原理，是艺术视觉的原理，可见因素借此

图 1—21　北美祖尼人的陶器
（19 世纪）

---

① 转引自［美］苏珊·朗格：《情感与形式》，73 页。

从纷乱莫名的感觉中被突现出来，以符合生物的情感及其所达到的高潮，即人类层次上的‘生命’，而不是像实际认知的事物那样符合名称的论断。”[①] 这就是说，人类装饰艺术形式的趋同性，反映了人类普遍地对装饰规律诸如秩序、对称、反复等的认识和把握，而这种普泛化的共性的认识，最终来自人生理心理的本能，如左右对称给人的视觉愉快显然与人的左右对称的双眼结构机制有关，而秩序或有序化、节律、反复等与人心律的搏动和人的心理机能相一致（图 1—22)。

图 1—22　对称性的彩绣团花凤纹
（清代）

装饰作为人类社会最普遍的艺术形式，也是人类一种特定的行为方式，在诗歌、戏剧、音乐甚至人的日常行为中，装饰普遍地存在着。从装饰的本义上去理解，可以认为诗歌实际上是一种语言和文字的装饰，无论是中国诗词所讲求的格律化还是西方诗歌中的自由体，都有一种对语义、词义、字义进行精心雕琢的装饰风，人们追求韵律和诗的形式化，实际上是一种装饰的追求。中唐大诗人贾岛

---

① ［美］苏珊·朗格：《情感与形式》，74 页。

所谓的“二句三年得，一吟双泪流”，这种探索的艰辛，也是诗词作者对诗词的装饰形式炼字的艰辛。诗与一般语言、文字的区别，也许就在于它以集约化、装饰化的手段来建构程序和表达内容。戏剧也可说是一种装饰的艺术，一种人日常行为、言行的装饰化了的舞台形式。人惯常的行为举止，经过高度装饰化的处理成为舞台形式，所谓表演艺术，应该说是人行为装饰化的结果。在现代戏剧中，装饰性的表现语言越来越成为一种主导的支配性因素，抽象化的装饰符号和装饰造型表达着深刻的哲学意念和情境之美。装饰使舞台行为充满了隐喻、象征以至极端的色彩，表现出独特的魅力。西方话剧如此，中国的京剧、昆剧、越剧以及其他戏剧也都是如此，举手投足，亦步亦趋，一句道白、一段唱腔，一道眉目，一抹微笑，无不表现出高度的装饰化意绪。中国传统戏剧的装饰化犹如戏曲脸谱的装饰化处理一样，集中体现了中国人特有的装饰艺术观。

装饰是艺术的基本语言，戏剧、音乐、舞蹈、表演等也不例外。音乐研究表明，一首乐曲从原始胚胎到它的完成，实际上就是一个核心音调被不断装饰的过程，具体描述为：核心音调是被一些短小相邻的音符所装饰的，它们充填其间作为一种经过、辅助，或者作为一种先现、延留，丰富和延伸了音乐所表达的意思。从这一层特别的含义而言，这些小音符被称为“装饰音”，和其他“装饰音”——波音、绮音、叠音、打音一样，共同规律都是对音乐作横向的旋律装饰，是音乐流程中的一种线性的运动方式。[①]这种解释，是对音乐中狭义的装饰现象进行的解释与陈述，从广义的层次上说，一切音乐都是一种在自然音响包括人的声音基础上通过音乐的装饰方式而形成的装饰化形式。

装饰不仅与造型艺术而且与其他艺术之间有着深刻的内在联系，现代艺术研究往往以装饰艺术的研究为起点和重点，其根本原因在于装饰艺术的形式结构和意象本质，揭示着整个艺术的主体内容和预示着艺术的现代方向。

装饰艺术有各种不同的表现形态，最普遍、最广泛也最主要的是图案，即作为器物或产品装饰的纹样（图 1—23）。在专业研究中，图案应包括立体图案和平面图案两种，立体图案是设计的立体模型，平面图案一般说包括平面的效果图、纹饰等。但在非专业的知识中，以为图案即是纹样或装饰花纹。

图 1—23 珐琅彩团花花蝶把壶（清代）

① 参见郑世刚：《音乐中的装饰现象》，载《装饰》，1989（2）。

从词源上看，图案基本上是个外来词，20世纪初从日本移译过来，有广狭两义。广义上指为达一定目的而进行的设计方案和图样，即庞薰琴先生所说的“图案工作就是设计一切器物的造型和一切器物的装饰”①。这与英语词汇 design 一词有直接联系，其要素是形制、纹饰、色彩。20世纪三四十年代，中国曾出现以图案代工艺之说，反映了当时图案主要指为工业产品所作的艺术设计这一事实。在这一意义上，图案分为平面图案和立体图案两类，从应用上分为基础图案和工艺图案两类。所谓基础图案，指共性的图案设计，没有特定的实用价值，作为设计者的基础训练之一。而工艺图案实质上是按照生产需要进行的专业品类的图案设计，即产品设计效果图等。张道一先生在《图案概说》一文中指出：

基础图案的任务是：(1) 透过工艺制品，认识装饰艺术的共性；(2) 培养和提高意匠的想象力和表现力；(3) 综合研究中外古今的装饰纹样，提高艺术的鉴赏能力；(4) 掌握和运用形式美的规律、法则；(5) 研究纹样的造型、构成、组合和色彩，以及器物成型的线与形；(6) 从生活和大自然中吸取养料，积累设计素材。

工艺图案的任务是：(1) 研究材料，发挥材料的性能和物质美；(2) 研究工艺、运用科技的成就，显示其工巧；(3) 研

① 庞薰琴：《论工艺美术》，11页，北京，轻工业出版社，1987。

究消费，熟悉群众生活习惯，了解群众的心理和审美要求；（4）综合以上三者，同艺术的意匠结合起来，统一于具体的设计之中。也就是说，适应着材料、工艺和用途的要求，掌握和运用具体工艺品的设计特点、规律、办法。①

在基础图案和工艺图案中，平面图案是二维空间的平面设计图形，一般表现为装饰纹样的形式，立体图案表现三维空间，是器物的立体造型的表现形式。不过随着设计范围的扩大，设计手段和方法的更新、设计品质的提高，图案的全部意义已不能代表设计（design）的意义了。从 design 与图案两词的词性上看，图案为名词；而设计（design）则具有动词和名词两种属性，作为动词是指进行设计和设计过程的存在，作为名词，是指设计的结果，因此，图案一词是不能包容和指代设计的。事实上，日本人在明治时代将 design 初译为图案一词时，大概想到“图”是意图、“案”是想办法这样的意思，而且当时（19 世纪后半叶或 20 世纪初）连西欧诸国的设计也都是指有许多装饰和纹样的方案，因而将 design 一词译为图案是可以理解的，日本在这个意义上使用“图案”一词一直延续到现在。“但是，设计并不限于装饰和纹样，而且更加广泛。在朝更新方向发展的现代化社会中，设计就是图案的说法已不能成立。”② 当设计

---

① 张道一：《工艺美术论集》，142 页，西安，陕西人民美术出版社，1986。
② 山口正诚、冢田敢：《设计基础》，载《设计》，1981。

(design) 成为一门独立的学科时，立体图案的存在意义显然淡化了。在这样的情形下，图案的存在主要表现为一种狭义性的存在，即作为平面图案而以纹样为主要形式了。

纹样即纹饰，指按照一定图案结构规律，经过抽象、变化等方法而规则化、定型化的图形。卢卡契曾从艺术哲学的角度认为："纹样本身可以作这样的界定，它是审美的用于情感激发的自身完整的形象，它的构成要素是由节奏、对称、比例等抽象反映形式所构成。"① 纹样按照一般图案学分类属于平面图案范畴，有单独纹样和连续纹样两大类。两类纹样因不同的组织形式和结构，形成各种组合。单独纹样的分类有适合纹样、角隅纹样、边缘纹样三种；根据组织构成又可分为规则和不规则两类，平衡的结构即是不规则形的；直立式、辐射式、转换式、回旋式之类属于规则形的。连续纹样主要有二方连续和四方连续两类，二方连续纹样的基本结构可以归为散点式（团花式）、折线式、直立式、斜行式、波状式、几何式等；四方连续纹样一般分为：(1) 散点纹样——规则的：一至十余个散点和不规则的；(2) 连缀纹样——转换连续、圆形连续、方形连续、菱形连续、波形连续等；(3) 重叠纹样——上下层纹样重叠。

---

① ［匈］卢卡契：《审美特征》，第一卷，257页，北京，中国社会科学出版社，1986。

纹样的各种形式和结构都是为适应一定的需要而产生的。四方连续结构适应着大面积图形的需要和印花工艺的过程，单独纹样更多地适用于单个的器件和非连续的平面上。

图案因表现内容的区别有自然形图案和几何形图案之分。自然形图案包括动物、植物、人物、自然景物等；几何形图案以几何形体如方形、圆形、三角形、菱形、多边形等为基本内容。人类的造物，虽然有仿生的方式，但从总体上看来，主要是几何形体的，无论器物、工具还是建筑，这里也许包含着某种至今尚未被人们全部认识的某些道理。

几何形图案最容易为人的视觉感知的是以纹样的形式出现在我们周围器物、建筑上的那类形式。工具、器物、建筑的几何形体结构一般比较复杂，由于质量、大小、功用、表面装饰的共存，视觉信息过量，其几何形不易为人所感知。而几何纹饰则是极易为人感知的东西。自古及今，几何形图案或几何形纹饰被大量运用，它以审美为主要价值和功能，但也被用作象征目的，显著的如象征性标志这类几何抽象体的寓意符号，是超越单纯几何形美感阶段的产物。在近现代，由于现代派艺术对抽象图形的重视，并与几何形图案发生了一些有趣的内在联系（图 1—24），把几何形图案的某些特征、内涵和意义扩大了，它从另一个方面提供了一个解构的方式和道路，使人们有可能在超出纹样的限定之外来看待几何形图案的价值和形态特征。也使人们认识到了工艺艺术

对现代艺术以及其他艺术的辐射性影响（图1—25）。几何形图案

图1—24　蒙德里安作品《蓝色构成》

现代派艺术大师蒙德里安1914年作，采用纯几何形式结构画面，把艺术表现的重点放在形式的构成上。

图1—25　贺卡《四月》

由阿普里尔·格雷曼于1981年设计，采用纯几何的形式表达，创造了一种抽象的艺术形式语言。

具有图案的典型意义和代表性。它不仅包含了图案变化、结构、形式的总体特征，而且奇妙地与其他艺术形式和艺术之外的科学思维、创造方式等有着内在联结，从而引起了人们广泛兴趣和注意。奥地利学者李格尔在几何学装饰风格的专论中曾列举几何学风格的两大学说，第一学说认为几何学风格并不是在地球上特定的某一地域产生后再扩展、传播到其他地区的，而是在地球的各个地方自发产生的。这一观点被认为是在几何风格的研究中最有权威的学说。相当多的考古发掘证明了这一观点

的可信性，在包括亚洲、欧洲、非洲、波利尼西亚等地的一切原始部族中，都发现它们使用着相同的几何图形。这一学说实际上包含一种历史唯物主义精神，从几何形以及几何纹样的起源来看，与自然物象形态相对的几何形的概念与数的抽象概念一样，是从对现实世界的认识和掌握中得到的。恩格斯曾指出："和数的概念一样，形的概念也完全是从外部世界得来的，而不是在头脑中由纯粹的思维产生出来的。必须先存在具有一定形状的物体，把这些形状加以比较，然后才能构成形的概念。"① 几何形以及几何形图案在最初的起源意义上都与现实世界相关。自然是一切美术形式的范本和原形，几何形图案也不例外。如半坡原始居民绘制的鱼纹、鸟纹，最后都演变为抽象的几何形纹。李格尔亦认为几何学风格的图案虽然没有直接地以现实物的自然原形为基础，然而却不能无视自然形态，几何学图案中左右对称和节奏旋律的法则是构成艺术物象的自然法则，几何学风格与其他各美术形式的关系，恰如数学法则与生动的自然法则的关系一样，是互相一致的。"只是就像在人类的生活习俗中那样，这种关系在自然力量的现象中也并不具有绝对的完善性。人类正是使知性从诸种抽象的法则中脱离出来，才产生了历史，产生了各种利害得失，打破了荒漠的单

① 《马克思恩格斯选集》，2版，第3卷，377页，北京，人民出版社，1995。

调、厌倦和沉寂。由左右对称和节奏排列的最高法则构成的几何风格如果从合法则性这一点来看，是非常完善了。”① 几何形的合法则性的完善即是从自然的非完善性发展而来的。

几何学风格的第二大学说认为几何学样式中最简明最重要的美的纹样是源于编织技术中的原始纹样，最初由哥特弗里德·森培尔提出，主要代言人是孔采。这是关于几何形纹样起源问题的学说，从整个历史起源来看，几何形纹样的起源原因一定是多方面的，不一定限于纺织或编织，但与纺织、编织有直接的因果性联系这一点是完全可以确认的。这一学说对于我们的启迪意义也许主要在于它揭示了装饰纹样与装饰技术、工艺技术之间的相互关系，亦如我们在前面所叙述的那样。

纹样无论是自然形纹样，还是抽象的几何形纹样，在一般意义上而言，都是一种符号，或者说都具有符号性质。都是对原来事物的抽象性表现，它总要有所变形夸张变化，以适合图案的要求（图1—26）。阿恩海姆曾提出这样一个假说：当人类为一种创造简单图样的趋向所驱使，创造出远远脱离多样性的自然式样时，也就等于他已经创造了简化的式样。与现实的脱离，是通过把艺术形象所表现的现实局限在现实的几个相貌特

① 李格尔：《几何学装饰风格》，载《美术译丛》，1988（1）。

征而得到实现的。[①] 正是在这种对现实进行简化，实际上是在抽象的基础上再注入或赋予更多寓意时才更具象征性。

图 1—26　古希腊陶瓶装饰

虽是绘画性表现，但由于图案化的需要，车马、人物都已经过抽象与变形。

几何形纹饰在图形意义上具有深刻的符号意义，与对现实的简化和抽象、浓缩直接相关。如果不是因纯装饰的需要而产生，那么在几何纹样的抽象本质中无疑是充满深刻内容的。“这种特殊的内容性首先表现在，围绕这种抽象一般性形成一种寓意和隐秘含义的氛围，在这种表现方法中渗透着通过几何形式征服世界的映象、因素或部分的激情，它以强烈的冲动对抽象一般性作出具体的解释，由远离现实的东西还原为具体的现实。几何形式与现实生活的具体对象性并没有有机的联系，如果说在纹样中出现了这些对象性形式（植物、动物、人），它也不可能具有具体感性特殊的如此存在，而只能表现为其含义的一种纯粹形象文字，其存在的抽象缩写符号。当其中每一加工对象都是由

① 参见［美］阿恩海姆：《艺术与视知觉》，195 页，北京，中国社会科学出版社，1984。

其自然环境相互关系的联系中抽取出来，并按照这种观点置于一种艺术的联系中时，反映纹样本质的这一特点就更加突出。因此纯粹纹样形象的精神内容只是一种寓意，与具体的感性现象形式相比这种意义完全是一种超验的东西。”① （图 1—27）

图 1—27　古埃及象形文字

象形文字来源于具体事物的抽象，象形文字既是文字符号，又是原本事物的抽象图形，充满符号性。

纹样的符号性亦是纹饰功能的一种表现。符号是寓意象征的产物，亦是抽象的产物。

从纹样的本身作用而言，其形式或其装饰性是主体的自律性的东西，寓意、象征不是必然性的。但不容忽视的是，几乎在纹样所有的发展和历史过程中，都包含着各种各样的寓意和

① ［匈］卢卡契：《审美特征》，第一卷，275 页，北京，中国社会科学出版社，1986。

象征性，它的形式总是受到表达内容的制约，这在纹样的形式构成上得到了明显的反映，作为以形式美、装饰性为主要功能价值的纹样，实质上是一种兼顾与统合的产物。因而，纹样的内容性象征性对于形式的积极意义不仅在于它赋予纹饰以社会性的思想内涵，使其获得更广大的应用而成为社会共识的标志，而且因表达内容的特殊要求和规范，迫使人们去寻找适应的形式加以表现，以达到内容与形式的高度统一，即促使纹样形式构成的丰富变化与高度成熟，使外在于纹样装饰性的思想内容成为纹样构成中内在的东西。如中国龙形纹样，定型化后的基本形象是所谓的“三停九似”：“自首至膊，膊至腰，腰至尾，皆相停也。”角似鹿、头似驼、眼似兔、项似蛇、腹似蜃、鳞似鱼、爪似鹰、掌似虎、耳似牛。这种复杂的形象与其复杂而神秘化的功能是极为一致的。它既是一个极为明确的标志符号，为全民族所共识，又在造型上在装饰形式上与中华民族的审美意识、要求结合在一起，为人们广为接受。它不仅在观念中包含了上天入地、天上人间的实在与虚幻、现实与想象、畜兽与神圣等诸多方面对立统一的因素，在形态构成上也融进了对称与变化、均衡与运动、盘曲与伸张等诸多对立统一的审美形式因素（图 1—28）。

三　装饰的意义

“装饰”一词具有动词和名词两种属性。作为动词，它标示

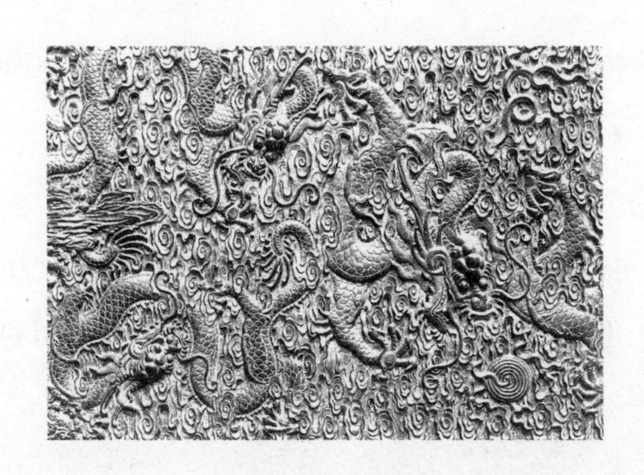

图 1—28　清代家具装饰中浮雕的龙纹形象

一种行为和活动，指示一种工作的性质，如使用一定的材料装饰房屋等。作为名词，指装饰活动的结果如装饰品、装饰画、装饰艺术等。实际上，它具有广义和狭义的两种含义，广义的泛指装饰现象和活动，狭义的则指具体的装饰品类、图案、纹饰等。中国《现代汉语词典》对装饰一词的解释是在身体或物体表面加些附属的东西使之美观和专指装饰品，这种解释也包括了广义和狭义的区分在内。在英语中，涉及装饰之义的语词有多种写法，除 decorative art 一词专指装饰艺术外，其他词所谓的装饰，一般也有两类指向，一类如 decoration，主要指广义上的装饰现象，指整体意义上的装饰、装潢等；指具体品类如个别装饰物、纹饰等则用 ornament。日本《设计词典》中装饰一词的解释包括四方面：（1）赋予美的行为，不仅仅表现为外表的装饰，也包括“无装饰”的美，即包括那些所谓的功能美；（2）作为动词来使用，标指用一定的装饰材料进行某种装饰活动；(3) 指装饰性；(4) 作为一种工艺方法、技术，如漆工艺的描金绘，景泰蓝的掐丝、点蓝等工艺技法。

在中国先秦时代哲人的议论中，装饰即“饰”，饰又如同“伪”，“可学而能，可事而成之在人者，谓之伪”。“伪”即人为，人工化的修饰行为。如《韩非子》所谓“礼为情貌者饰”，人之情貌是出于本性的东西，作为社会生活中的“人”的情貌的张扬，必须受“礼”的规范，这种规范之礼即“饰”，是自然本性之情貌的饰。《荀子·性恶》篇云：“凡礼义者，是生于圣人之伪，非故生于人之性也。故陶人埏埴而为器，然则器生于陶人之伪，非故生于人之性也。”这里，饰亦与伪同即标指人工性。《大戴礼记·劝学》谓孔子云：“见人不可以不饰，不饰无貌，无貌不敬，不敬无礼，无礼不立。”伪相对于情貌，情貌者即质与性。伪亦与“文”同，《荀子·礼论》云：“伪者，文理隆盛也。无性则伪之无所加，无伪则性不能自美。”《释名》谓“饰，拭也。物秽者，拭其上使明，由他物而后明，犹加文于质上也。”饰即文质关系中的文而与质的相对。在中国传统文化精神中人们追求文与质的和谐统一，如孔子所谓“文质彬彬”，不偏不倚而归于中正。既重质又不轻于文，既重于情又重于饰，追求两者的辩证统一。《易·序卦传》谓：“物不可以苟合而已，故受之以《贲》，贲者饰也。致饰然后亨则尽矣，故受之以《剥》，剥者剥也。”《东坡易传》云：“直情而行谓之‘苟’，礼以饰情谓之‘贲’。”韩康伯注云：“物相合则须饰以修外也。”但饰必须有尺度，“饰极则实伤”，《御纂周易折中》引张栻曰：“贲饰则贵于文；文之太过，则又灭其质，而有所不通。故致饰则亨有所尽。”饰，从辩证和结构的角度而言，作为质的另一面不是可有可无的；从艺术审美及道德精神上看，文质彬彬之饰不是最终境界，具有终极意义的“饰”是“饰极返素”之饰，即庄子所谓“既雕既琢、复归于朴”之饰，是绚烂之极归于平淡之饰。《易·贲卦》显现的贲道（装饰之道）的最高境界是“贲如，皤如，白马翰如”，以至“上九白贲，无咎”，“贲之盛极而当反质素”（梁寅：《周易参义》）。魏人王弼《周易注》说：“处饰之终，饰终反素故任其质素，不劳文饰，而无咎也。”刘熙载《艺概》谓：“白贲占于贲之上爻，乃知品居极上之文只是本色。”本色即无色，《杂卦传》云：“《贲》，无色也。”《郭氏传家易说》云：“《贲》以‘白贲无咎’，故无色，无色则质全，有天下之至贲存焉。”无色不是无颜色，而是指独具自然朴素之本质，是一种至高至尚之美。从贲卦诸爻义来看，“初九‘舍车’不尚华饰，六四‘白马’向往淡美，两者并处上下卦之始，已见‘贲’道端倪；六二‘贲须’志在承阳，九三‘濡如’永守正固，两者并在内卦，以顺合‘礼义’为美；六五饰于‘丘园’，但求简朴，上九饰终返‘白’，归趣本真，两者并居外卦，以质素自然为美。”“饰极返素”，如同“大音希声”、“大象无形”、“大巧若拙”，是一种超然之境。从建筑方面来看，现代主义时期的建筑，如德索时期包豪斯的校舍等现代派建筑，摒弃了表面装饰，以功能决定形式，即将装饰之美通过结构化而整体性地表现出来，使装饰结构化而不是表面化，这种无装饰的建筑追求和崇尚的是淡美、归趣本真的境界，在装饰美学上具有典范的意义。现代主义建筑追求功能第一，追求现代玻璃、混凝土、钢铁材料的自然展现，靠结构展现其形式之美、本质之美，而不是靠表面装饰（图 1—29）。这种追求与中国艺术精神中追求的“饰极返素”的审美理想是相通和一致的。

图 1—29　纽约西格兰姆大厦是功能主义的经典之作

先秦诸子对“饰”的理解与阐释，表述了中国传统艺术精神的深层追求，是中国审美理想的典型概括，它成为纵贯于中国艺术与审美之维中的主线。在近现代，当装饰作为“装饰艺术”而凸显后，装饰的意义已从先秦时期那种道德的、哲学的、审美理想的深层中淡出，表征着普通美术的、实用性的功能和艺术范畴，这就形成了装饰的不同层次性，从表层装饰纹样到结构性装饰、装饰结构，从悦目、形式之美到饰极返素的最高审美境界追求，装饰的存在和装饰的意义表现出了最大的丰富性。

装饰是一种普遍的艺术和文化现象。蔡元培先生在1916年5月著述的《华工学校讲义》中曾将装饰专立一章加以阐述，他认为："装饰者，最普遍之美术也……人智进步，则装饰之道渐异其范围。身体之装饰，为未开化时代所尚；都市之装饰，则非文化发达之国，不能注意。由近而远，由私而公，可以观世运矣。"装饰成为文明的表征，观国力世运的窗口。从上述的现代主义、后现代主义建筑、设计的发展也可以看到这一点。功能主义的建筑、设计在第二次世界大战后迅速崛起和普及，它一方面是新时代新风格新的美学理想的产物，另一方面又是当时战后恢复经济的必然产物；后现代主义设计出现在美国、欧洲、日本这些富裕型社会中，它从不同的侧面反映了这些社会和时代不同文明的发展状况，成为国力世运的象征。

在造型艺术领域，装饰又可分为装饰艺术、工艺装饰、室内装饰、装饰纹样诸多种类。在造型艺术之外，音乐、戏剧、电影、舞蹈等艺术中也存在着各种装饰因素和现象。在人的社会生活中，古代君子所提倡的正衣冠正言行和现代人讲究的礼仪风度，都是相异于人自然本性的装饰性行为，即人类行为的礼仪化、规范化、社会化即文明的"礼化"，其本质是装饰的。

在根本意义上，装饰是人改变旧有事物和旧有面貌，使其变化、增益、更新、美化的活动。苏珊·朗格说："装饰不单纯像'美饰'那样涉及美，也不单纯暗示增添一个独立的饰物。'装饰'与'得体'为同源词，它意味着适宜、形式化。"① 适宜，是装饰的一个重要尺度。烦琐的装饰就是不适宜的、过度的，如西方的巴洛克、洛可可装饰和中国清代的一部分装饰都是非适宜的繁饰。早在先秦时期中国的哲人们便反对繁饰，主张"文质彬彬"，追求"饰极返素"，古希腊罗马时期柏拉图、苏格拉底等思想者也都反对无功用的繁饰。19 世纪正当维多利亚的繁饰风吹遍欧美时，一些开明而智慧的艺术家和思想家们已注意到了当时装饰的问题，不在运用装饰本身，而在于"完全忽视了早期法国古典主义理论家所谓的'适宜'与'得体'"②。这一论断是正确的，不在于要不要装饰，而在于怎样装饰。

装饰作为人类特有的艺术禀赋和智慧，它来自人类心灵的强烈需求，它是不可排除的，犹如人类需要艺术一样。文化人类学者认为，人类存在着一种不能根除的情感，即对于寂寥空间的恐惧和对于空白的一种由压抑而转化生成的填补冲动，在

---

① ［美］苏珊·朗格：《情感与形式》，73 页。

② ［英］彼得·柯林斯：《现代建筑设计思想的演变》，149 页，北京，中国建筑工业出版社，1987。

人类文明和文化生成与成长的同时，人对于自身个体意识的宣扬与尊重，也都通过装饰来得到补偿和满足。

作为一种艺术方式，装饰以秩序化、规律化、程式化、理想化为要求，创造合乎人的需要、与人的审美理想相统一和谐的美的形态。装饰具有普遍的适应性和艺术的整合力，它既是一种艺术形式，又是一种艺术方式和艺术手段。作为艺术形式，它可以是一种纹样、一个标志符号，作为艺术方式或手段，它通过装饰的使用和操作，将装饰性物化或现实化。“装饰性”是人类装饰意志和装饰行为的内在属性及其所导致的装饰品格，它可以存在于任何种类的艺术形态之中，装饰性的强化和集中，能导致一种风格化的装饰样式。装饰性体现了装饰艺术的自律——秩序、均衡、多样统一等的基本法则和变化与复合、程式化、类型化、意象化的艺术方法，表现或反映在明晰的图式结构中。

装饰具有结构的特征，无论是在建筑和工艺物品中，装饰的结构性是除纹饰、绘饰之外的那种与结构统在一起的构成要素或者说是装饰的结构化。如中国传统建筑上的斗拱，既是一种支撑结构，又是一种装饰的构成，这里，装饰显现了不同的层次性（图 1—30）。从最表层的涂饰、绘饰、纹样、浮雕、刻画到结构性装饰件和装饰的结构，装饰处在不同的层面上，有不同的形态，装饰越是结构化，装饰的功能越大，意义越深刻。

图 1—30　中国传统建筑中的装饰

这些装饰既是结构的一部分，又具有装饰形式的独立性。

在文化学的层面上，装饰是文化的产物，亦是文化的一种艺术存在方式。装饰作为文化，首先因为装饰作为人类行为方式和造物方式所具备的文化性和文化意义；二是装饰作为装饰品类而存在所具有的文化意义。文化学者马林诺夫斯基曾指出过："一物的结构与其使用的方法相结合了，才成为它的文化实体。"① 一个装饰图形、一个纹样或一个装饰的结构，如缺少广泛的与一定文化系统的联系，那仅是一个视觉的形式而已。装饰品作为文化品，它必然性地传达和表征着一定的文化信息和社会属性，"一根手杖的装饰常是它所带着文化的、仪式的或宗教的意义的表示"②，装饰以自己的物化形式和完整的社会功能而成为文化的符号。因此，文化人类学家们总把装饰艺术

①② ［英］马林诺夫斯基：《文化论》，北京，中国民间文艺出版社，1987。

作为一种独特的文化现象来研究，从不同的装饰品、体饰、服饰、织物装饰、编织形式、陶器装饰甚至歌舞、戏剧、宗教仪式中的装饰现象中，发现和把握不同民族文化的内在特征和精髓。

装饰艺术的历史构成了人类艺术史发展的主线，从 19 世纪下半叶以来的现代艺术发展的历史演变中也能清楚地看到这一点，无论是与装饰艺术的交流与整合，还是极力否定和排斥装饰，整个现代艺术的发展表明，装饰艺术是其发展的动力，是艺术变革的主要力量。现代艺术设计的形成和发展也是这样，虽然它以非装饰的极端方式另辟蹊径，但最终不是排除了装饰，而是将装饰结构化，创造了装饰的现代新形态。后现代主义艺术中装饰的重新回流定位，从结构中又凸显出来，成为结构与形式的全面负载体，具有了更为深刻的意义。一般而言，装饰作为艺术是感性的，而结构常常具有理性的特征，在结构与形式因装饰而统合时，装饰实际上已兼具了理性和感性的双重特性。后现代主义艺术中装饰被强化，不仅仅表现在外在形式和所具备的历史符号意义上，后现代艺术中的装饰主要是结构性的。

全面地看，沃尔夫林所说的“美术史主要是一部装饰史”，除上述的因素外，还因为“绘画的模仿是从装饰发展来的——作为再现的设计图案过去是产生于装饰的——这种关系的后效应已影响到整个美术史"[①]。而且绘画艺术"模仿自然的整个过程都固定在对装饰的感觉上"[②]，现代艺术的变革从根本上说亦是离不开对装饰的理解、认识和借鉴的。

从更深的层次上看，装饰的形式可以说适应和积淀着人类的视觉对于形式的感受经验，它以美的形式符号刺激和满足人的感觉，因此，装饰艺术形式的变化往往会导致人视觉经验的反映和变化，视觉经验的变化又会要求其他视觉形式如绘画艺术形式发生相应的变化。赫伯特·里德曾认为："整个艺术史是一部关于视觉方式的历史。关于人类观看世界所采用的各种不同方法的历史。"[③] 装饰既是人视觉方式的产物，它又不断地以自身的存在和改变导致人视觉方式的变化，从而导致其他艺术的变革，这也许是装饰在与其他艺术交流整合中所具备的另一层意义。

①② ［瑞士］沃尔夫林：《艺术风格学》，沈阳，辽宁人民出版社，1987。

③ ［英］赫伯特·里德：《现代绘画简史》，5页，上海，上海人民美术出版社，1979。

第2章

设计的哲学

第一节　人的需求

一　人的需求

设计的对象是产品，但设计的目的并不是产品，而是满足人的需要，即设计是为人的设计。设计可以说是人的需要的产物，是满足人对产品及其他非产品的需要的产物。

作为生物体的人，每个人都有需要，既有来自生理方面的需要如饮食、休息；又有来自心理方面的精神需要，如艺术、文学、社会尊重等。彼得罗夫斯基在其主编的《普通心理学》教科书中认为："需要是个性的一种状态，它表现出个性对具体生存条件的依赖性。需要是个性能动性的源泉。"① 当然，需要不仅是个人的，还有社会的需要等。

当代心理学研究表明，人的行为是由动机支配的，而动机的产生主要根源于人的需要。人们的行为一般而言都带有目的性，常常是在某种动机的策动下为了达到某个目标而付诸的行动。因此，需要、动机、行为、目标构成了一个人类行为的活动结构，呈循环和发展态：

---

① 转引自［保］尼科洛夫：《人的活动结构》，47 页，北京，国际文化出版公司，1988。

需要→动机→目的→行为

所谓需要，主要指人对某种目标的渴求和欲望。欲望从根本上来说是一种心理现象。行为科学家通常把促成行为的欲望称为需要。人的需要如同人的生命过程一样，处在一种不断的新生与变动之中。需要是产生人类各种行为的原动力，是个体积极性的根源。人们为了生存和生活，必然产生各种各样的需要，如衣食住行用的很多物品和其他需求，要满足这种需要才能保障生存和生活下去的目的。因此，人的行为，自觉不自觉地、直接或间接地表现为实现某种需要满足的努力。

哲学家把人的需要解释成客体和主体、需要的对象和需要的主体的状态之间的关系，这是主体现有状态和主体应有状态之间“失调”的矛盾关系，需要得到满足，矛盾即消解。[①]

所谓动机，是指为满足某种需要而发生行为的念头或想法。它是促成人们行动的内部动力，是激发人们的行为以达到一定目的的内因即活动的动因。它不仅引发人们从事某种活动或发生某类行为，而且规定行为的方向。如饥饿作为动机，常引发觅食的行为。动机是在需要的基础上产生的，行为科学认为，当人的需要还处于萌芽状态时，它将不明显的模糊的形式反映

① 参见［保］尼科洛夫：《人的活动结构》，48页。

在人们的意识中，导致不安之感的产生，这时就成为意向。意向因需要程度较弱，常为人所忽视，随着需要度增强，意向性转化为愿望，即需要。需要和动机导致行为的产生。每个活动着的人都有行为，人与行为是一体的，有人就会有行为。人与动物的行为不同，人的行为特点在于人是理性的，有能力从具体的情境中进行抽象，并预测其后果。二元论的理性人类学认为人由理性和理性所依赖的躯体生理所构成，只有理性才使我们成为人，在人的行为特点中，人的理性常显得较为清晰。但我们在分析人的行为生发过程时，将会发现人的理性与人的自然生理属性是高度一致的。

需要引起动机，动机支配行为，需要和动机成为行为的原因。而人的任何行为都表现出了一定的目的性，期望达到某种成就或结果，这里，行为是需要和目的之间的过程和中介。从这一点来看，人的造物行为，首先植根于人的生存和生活的需要，所谓“需要是发明之母”，人的造物行为是在人类需要的基础上产生的必然性的行为。

从人类发展的历史来看，造物行为把人与动物区别开来。造物行为与人的需要相联系，而人与动物都有需要，有的动物也能简单地进行造物，但人的需要与动物的需要有本质的区别，人的造物与动物的造物也有根本的区别，动物的需要完全是天生的无意识的需要，而人的需要则是不仅来自身体天然的欲求，而且是人类自己创造出来的多种需要。人的造物不仅满足需要，而且创造需要。

马克思曾指出：实践创造对象世界，即改造无机界，这是人作为有意识的类的存在物的自我确证。诚然，动物也进行生产。它也为自己构筑巢穴或居所，如蜜蜂、海狸、蚂蚁等所做的那样。但动物只生产它自己或它的幼仔所直接需要的东西；动物的生产是片面的，而人的生产则是全面的；动物只是在直接的肉体需要的支配下生产，而人则甚至不受肉体的需要进行生产，并且只有在他不受这种需要的支配时才真正地进行生产。[①] 需要是人类进步和文明的动力。

需要作为生物体的基本属性，它既是规范，又是一种自我适应、自我调节的机制。尼科洛夫认为在需要中存有三个不断得到充实的属性，一是生物体最基本、最普遍的按照一定程序发挥功能的属性，程序中的生命过程运动参数，包括整个生命过程和各种组成要素之间的关系；二是机体对上述关系的现时状态作出反应的属性，如不满足时的恐惧与不满，满足时的轻松、愉悦；三是机体活化、自我调整和调动的各种适宜的能动性形式的属性。这一属性为相应的生命过程正常发挥功能提供保障。[②] 尼科洛夫

① 参见《马克思恩格斯全集》，中文1版，第42卷，96～97，北京，人民出版社，1979。

② 参见［保］尼科洛夫：《人的活动结构》，53页。

的三种属性揭示了人的需要在哲学意义上的三个层次，功能属性属于生物反映的层次，而自我调整的能动性则是人的类属性的反映。

人的需要是多方面的，它具有一定的层次性、阶段性，是发展和变化着的。心理学家亚伯拉罕·马斯洛在研究人类动机时，提出了著名的“需要理论”，他认为人的需要的层次，由最低级的需要开始，向上发展到高级的需要，呈阶梯形。可分为五个基本层次：生理需要、安全需要、社会需要（或谓归属和爱的需要）、尊重需要、自我实现需要。他认为驱使人类的是若干始终不变的、遗传的、本能的需要，并且这种需要不仅是生理的，而且是心理的。这五种需要的基本解释如下：

其一，生理需要，这是人对生存的需求，是人类需要中最基本、最强烈、最原始、最显著的一种需要。所谓“饮食男女”，“民以食为天”，人们需要食物、饮料、住所、睡眠和氧气，这是人类赖以生存的基本生理需要。“如果一个人极度饥饿，那么，除了食物外，他对其他东西会毫无兴趣。他梦见的是食物，记忆的是食物，想到的是食物。他只对食物发生感情，只感觉到食物，而且也只需要食物。”① 生理需要是人类的基本

① ［美］弗兰克·戈布尔：《第三思潮：马斯洛心理学》，41 页，上海，上海译文出版社，1987

需要，它是推动人们行动的最强大的而且是永恒的动力。

其二，安全需要，在生理需要得到满足后，就希望满足安全需要。安全需要包括多方的安全，心理上的安全、生理安全、环境安全、经济安全等等。在这种心理要求下，人们一般都比较喜欢秩序和稳定。

其三，社会需要又称作归属和爱的需要，在前两者需要满足后，社会性需要开始成为强烈的动机。这时人希望得到别人的支持、理解和安慰，希望进行人与人之间的社会交往，保持友谊、忠诚、信任和互爱。马克思认为人是类的人，是社会的产物，每个人都有一种归属于一团体或群体的情感，希望成为其中的一员并得到相互关心和照顾，不感到孤独，因此需要社会交往。费希特也曾说过："只有在人群中人才成为一个人。如果人要存在，必须是几个人。"①

其四，尊重需要，马斯洛认为人们的尊重需要可以分成两类：自尊和来自他人的尊重。自尊包括对获得信心、能力、本领、成就、独立和自由等的愿望；来自他人的尊重即社会承认，包括威望、承认、接受、关心、名誉、地位和赏识等等。

其五，自我实现的需要，马斯洛把人类的成长、发展、利

① 转引自［德］米夏埃尔·兰德曼：《哲学人类学》，220页，上海，上海译文出版社，1988。

用潜力的心理需要称为自我实现的需要。这是马斯洛关于人的动机理论中的一个很重要的方面，他认为这种需要是“一种想要变得越来越像人的本来样子、实现人的全部潜力的欲望”①。

人的不同需要导致了人为满足需要而进行的劳动生产和创造，人的造物行为和结果，不同程度地表现了上述五种需要的内在规定性。

由于造物总是以人的需求为导向的，它首先把为满足人生存基本需要的那些造物品类如各种生产工具、生活用具等放在第一位。为适应人不同层次的需要，又导致造物生产中诸如审美、装饰之类的精神文化因素的发生以及陈设欣赏品类的形成。工艺美术从实用工艺品到陈设欣赏工艺品类、宗教工艺品类等众多品类的产生，就是具体适应了人多层次的精神和物质需要的结果。从人的需要的丰富性来看，人的高层次的需要往往是人自己创造出来的，是人自身本质力量的体现，正因为有这种能力和力量，人才能超越动物性需求走向更高一级的文明。人的需要的多层次发展意味着人更高的生物效能，它是历史和进化的统一，社会和自然的统一。低级限度的需求和高级层次上的需求的统一，意味着人的自觉和创造的自觉。人类的造物活动是一种充满人类理性精神和文化质的行为，虽然造物根源于

① ［美］弗兰克·戈布尔：《第三思潮：马斯洛心理学》，45 页。

人的需要，尤其是满足人生存生活的基本需要，但这种满足并未成为人进行造物的全部根据和限制。造物与人的需要之间有一种不断发展和变化的互动关系，这种关系亦是文化人类学家所指出的人的“文化性与生物性的互动关系”。人类行为在相当程度上受生物特性的模塑，因而，“不同文化的变异可能是内容上的而非形式和结构的变异。如果是这样，那么形式和结构的普同性便可能在相当程度上反映了人类生物性的限制”①。为生活的基本需要而造物就是这种限制的产物。然而，人作为社会的人、文化的人，生物性的满足并不是唯一的需求，精神等需求有时会走到前列而占据重要位置。

图 2—1　“巴西桌”和“树梢落地灯”

著名设计师索特萨斯 1981 年设计。桌上的“抛锚”三角茶壶是 P. 夏尔 1982 年的设计作品。这是意大利曼菲斯设计集团的典型作品之一。

不同形态的造物，反映着人需要的变化和多元（图 2—1）。从一般实用工具用具生产到艺术质的造物——工艺品、工业设计产品的生产，这些不同层

① ［美］罗杰·M·基辛：《当代文化人类学概要》，23 页，杭州，浙江人民出版社，1986。

次的造物生产表现着人类上升着的需要和追求。人类造物生产发展的最终形态将是一种艺术化的生产形态，那时，不仅造物完全艺术化了，人类生活也将趋于艺术化，人取得了生活和创造、存在和发展的更多自由。

从造物的角度而言，人通过造物的方式实现需要的满足，这种满足的同时也意味着目标的实现，而目标的实现本身也是人的一种需要，我们在满足需要中实现了自我确证，造物和设计及创造本身的成功，构成了进一步活动的基础，也构成了新的创造活动的基础，并产生和满足着新的需要。

二　市场需求

设计与市场有着天然的联系。设计的产品首先作为商品进入市场，进入流通渠道，然后进入人们的生活中。市场需求的大小在一定意义上反映了设计的成败，而现代成功的设计，又总把市场调研作为设计的一个重要环节，在充分进行市场调研的基础上，进行产品的开发设计，这几乎已经成为新设计产生的必由之路。

市场原理认为，市场是商品经济的范畴。哪里有商品生产，哪里就有市场。市场一方面是买卖商品的场所，人们通过市场交换货物；一方面，市场又是一定时间、地点条件下商品交换关系的总和，即把市场看作商品交换的总体。前者是现实的市场，后者是作为经济关系的市场，反映在物与物的交换关系背后存在的人与人的关系。

市场是人类社会劳动商品生产发展到一定阶段的产物。当人类处于原始社会的蒙昧时代时，生产力水平低下，人们共同劳动的所得产品十分有限，只能维持简单的、最低限度的生活，没有产品剩余，也就不可能有商品生产和交换，也就不存在市场。

当社会生产力有了一定提高，劳动分工使产品生产除满足自身消费外有了一定的可用于交换的剩余产品时，交换产品形成了最原始的市场。当社会分工进一步细化，不同的所有者进行产品交换，彼此互相成为市场。随着人类社会第二次大分工的到来和私有制的产生，出现了直接以交换为目的的商品生产，到野蛮时代的末期，个人与个人之间的交换已成为商品交换的唯一形式。社会分工的扩大，使人们对市场的依赖程度逐渐增加，人类社会的第三次大分工后，商人出现，更促进了市场的发展。随着商品经济的发展，由物物交换而发展成以货币为媒介的简单商品流通，逐渐产生了商业。商业和商人的产生，加速了市场的扩大并加强了市场的功能。

设计与商品生产一直是联系在一起的。在手工业商品生产时代，即18世纪工业革命前的商品生产中，设计并没有在人类的多次分工中独立成为一种职业或行业，设计者往往是生产者或同时又是消费者，设计者与生产者一体，设计过程与生产过程合一，这是工业革命前的手工业时代设计的基本特点。但是，设计与市场之间，仍然存在着一种内在的联系，设计适应着市场的需要和变化，产品功能和样式的改变往往是市场需要的结果，设计遵从着社会和市场的需要。

18 世纪的工业革命以后，大机器的批量化生产，使商品极大地丰富起来，市场规模日益扩大，市场的功能日益凸显，市场不仅是商品交换的场所，它还具备了调节功能，成了经济竞争的场所；它具备了反馈功能，成了信息汇集的场所。商品设计质量、生产质量的好坏可以通过市场得到检验；一个未来的商品在设计、生产之前能通过市场需要的调查获得支持或否定；市场即市场需求在一定意义上成了设计的一个重要基础和衡量设计成功与否的尺度。

设计与市场的关系实际上是设计与消费的关系。在市场之中，市场也可以解释为消费需求。“市场是由一切具有特定需求或欲望，并且愿意和可能从事交换，来使需求和欲望得到满足的潜在顾客所组成的”①，市场需求，在一定意义上即是消费需

① ［美］菲利浦·科特勒：《市场营销管理》，17 页，北京，科学技术文献出版社，1991。

求，而市场对设计的需求，实际上是消费对设计的需求，这种需求通过市场这一中介得以反映和表现出来。因此，设计与市场因需求而有不可分割的必然联系。

在设计与市场的关系中，设计既有对市场需求的适应，又有对市场需求的引导作用。对市场需求的适应，表现在满足市场需要、使设计符合市场需求的期待方面；而对市场需求的引导作用则是由设计本身所具备的创造性和未来性所决定的。它不仅适应市场需求，而且还能创造市场需求。

自有市场以来，设计与市场关系的上述特征就一直不同程度地存在着。设计成为商品进入市场时，如果是一项前所未有的新设计、新产品，它在进入市场即进入人的生活并为人所接受时，就会进一步形成新的市场需求，这种新的市场需求实际上是由新设计引发的，因此，也可以说在一定意义上是设计创造了一个新市场（图 2—2）。这种情况在历史上并不鲜见，如青铜器、陶瓷器、漆器等的新品种的产生都或多或少、或深或浅

图 2—2　20 世纪 80 年代由意大利阿尔法 · 罗密欧公司推出的概念车“卡拉波”

地产生引发市场需求的情况。但是，从设计的角度，自觉意识和认识到新设计与市场的关系，自觉提出“创造市场”的概念，则是 20 世纪现代设计发展的产物。

最早提出“创造市场”这一概念的是日本著名的索尼公司。自 50 年代设立设计部以来，索尼公司就将创造市场作为公司设计原则的核心概念，不仅坚持独立创新、独立设计、形成独特产品面貌的设计宗旨，而且力求以设计的创新引导市场，引导消费者需求。在市场细分化的模式下，积极开拓新市场，以新设计新产品占领市场，这一设计理念，也将设计的范围扩大到产品设计之外的宣传、推广、展示、服务的系列过程中，使设计具有了更多的含义和价值。

设计中“创造市场”的概念与市场营销方式和理念的形成相一致。市场营销与市场销售不同，销售体现的是卖方需要，以卖方为主，卖方的需要是如何将商品卖出去而取得利润；营销则是考虑如何更好地满足消费者需要，根据顾客的需求来设计来定价，使顾客愿意接受，以方便顾客为宗旨。市场营销是“以满足消费者需求为中心，以产品定价、分销、促销为主要内容的综合性经营销售活动”①，同时，它又是一种观念形态，是一种把市场看作为消费者服务的理论。

① 吴建安：《市场营销学》，40 页，合肥，安徽人民出版社，1994。

在西方社会，市场营销与设计的关系随着营销观念的形成和发展，经历了三个阶段：

第一是生产阶段，在19世纪末至20世纪初，制造工业发展迅速，市场需求旺盛，企业以利用新技术扩大生产、提高生产效率、降低生产成本为中心，为市场提供大量物美价廉的产品，出现以生产为导向的局面。

福特汽车公司T型福特车的大量生产和低价格销售即是其象征。在生产导向的时代中，设计仅由生产部门和工程师的主张来决定，没有先行的市场调查，产品的设计和价格完全由生产者决定。

当生产力水平发展到一定阶段时，那种以生产为导向的物美价廉的产品在市场上不一定能赢得顾客，因市场在不断变化，人的需要也在不断变化之中。

第二阶段是销售观念阶段，从30年代到50年代，西方社会物质生产过剩，市场问题突出，人们担心的不是如何大量生产而是如何销售，形成了以销售观念作为指导企业进行生产和销售活动的思想。执行销售观念的企业，称之为销售导向企业。在这一销售导向时代，销售观念认为，消费者不会因自身的需求与愿望主动购买商品，而必须经由推销的刺激才促使其购买，即产品不是被买去而是被推卖出去的。因此，企业致力于产品的推广与大量的广告宣传，以获得利润。

在第三阶段即市场营销阶段，进入所谓的市场营销导向时代，开始于 50 年代。第二次世界大战结束后，随着科学技术的迅猛发展，创新技术和创新产品不断涌现，商品供应大量增加，西方社会进入了所谓的丰裕时期，消费者不仅有大量的消费资金，同时还拥有大量的时间，对商品的品位和要求也更高。在这样的环境下，企业所面对的消费者和消费需求十分丰富和多变，因此，必须花大力气来研究消费需求，从而形成以市场营销观念为企业指导观念进行销售活动的基本思想。一改过去“我能生产什么，就卖什么”为“顾客需要什么，我们就生产供应什么”的新观念，确立了企业的一切计划与策略应以顾客为中心，满足消费者的需求与愿望是企业的责任，在此基础上实现长期而合理的利润的信念。

市场营销的观念即是以消费者为中心的观念，企业以“顾客为上帝”、为中心，从产品的设计定价到促销及售后服务都以消费者为出发点。因此，设计产品的第一步首先是市场调查，收集各种消费者的信息，了解消费者所思所想所求，根据这些需要去设计，去确定如何生产。

市场营销的确立使设计居于了更为重要的地位，也使设计扩大了范围，向着更科学、更全面的方向发展。日本是市场营销方式产生得最早的国家之一，美国企业管理权威彼得·杜拉克认为，市场营销最早于1650年左右产生于日本，在美国开始于19世纪中叶，但真正的营销观念和方式的形成还是在20世纪50年代后。

日本现代的市场营销方式实际上也是从四五十年代开始的。大致可以分为三个不同的时期，在战后1945年至1960年为市场营销Ⅰ的时代，这是一个从饥饿、物资匮乏的时期到保障最低生活水准的时期。这一时期的商品和服务都很缺乏，中心问题是扩大再生产、提高生产效率，企业的焦点是技术导入、技术革新和设备投资，确立大生产方式。这一时期，真正的市场营销实际上是不存在的。生产出的产品立即被虚空的市场所吸收，制品的品质往往不被重视。设计的地位没有被认识也没有被重视。

从1958年至1959年开始，步入市场营销Ⅱ的时代，特别是以日本皇太子成婚为契机而形成的电视机的迅猛普及，宣传媒介及广告业的发达，为大众消费时代的到来做了准备，1955年开始至1960年，在流通领域又发生了一场革命，廉价房屋、超级市场、连锁店这些新形态的大量销售的系统不断涌现，使日本社会进入了一个大量消费的时代。这一时期，人们的个人收入年年增长，形成了同步型的购买行为，家电、小汽车等耐用消费品迅速普及，货品充足。在企业方面，形成规格化、产业化和规模经济，承担着提供优质低价产品和服务的职责。随着市场的成熟与饱和，开发新产品和对原有产品的品质作进一步改进成为企业的主攻方向，设计、样式、包装及形象等方面的功能价值成为产品二次开发的重点，也即是实行所谓“制品的差别化”。但这种二次开发还仅是从企业的立场出发的产物，是对市场需求的局部适应。在60年代后期，实际上已出现了消费者的个性化和多样化追求的倾向，市场营销已受到消费志向的制约，这必然为当代新的市场营销Ⅲ时代的形成奠定了基础。在市场营销Ⅱ的历史时期，不是缺少商品，而是缺少市场即缺少买方，这成为企业的重要课题，企业对此的再认识，引发了“创造市场”或称作“吸收顾客”的企业思想，并成为其中心主题。

被称作市场营销Ⅲ的时代，开始于1976年，经过1973年10月的第四次中东战争所造成的日本石油危机之后，日本经济由高速成长期转入低速成长期，社会经济条件的变化和生活条件的转变使消费者的消费意识和行动都发生了明显的变化。消费者本身也发生了从“消费者”向“生活者”的转变，这可以说是一种质的变化。市场营销成为受制于“顾客志向的市场营销”，其顾客是具有新的消费认识和行为准则的“生活者”。这种变化，无疑对产品生产和设计都提出了前所未有的新要求。即市场营销状况和方式的不同，必然要求设计的视阈和基点也不同。

日本学者将70年代中期生活条件的变化归为：工资收入增长缓慢，家庭支出结构改变，物品的充分满足，业余时间增加，中产意识增强，价值意识改变这六个方面。家庭支出结构的改变，主要指购买耐用品和日常用品的支出下降，用于教养娱乐等选择性支出上升、储蓄大幅增加。“中产意识”，是指中产阶级意识，据1979年8月日本总理府“关于国民生活”的调查，自认为“中产阶级”的占91%，在八九十年代，这其中又产生了所谓新的中产阶级，不是求同而是求异，追求个性化、多样化，追求不同于别人的生活乃至物品。那种大批量生产的规格化、标准化的产品已不再受欢迎，从而形成了新的市场需求。与此相联系的是价值认识的变化，由于对个人生活的重视，对个性化、多样化的尊重和追求，在价值认识领域发生了从“所有价值”到“存在价值”的变化，过去注重物质的拥有，人为“物”役，现在注重人对物的支配及其存在的感觉。其一系列的变化，实际上是标志着新的生活主题和生活需求的产生，这也是设计所面临的新的课题。

面对这新的课题，日本设计界开始注意对“生活文化”和“生活者”的研究，将设计的视阈和基点瞄准生活文化，围绕生活文化的变化和需求进行设计（图2—3）。这种设计就不仅仅是某一产品的设计，而是产品组合与人与使用环境、使用方式、精神感受诸多层面的综合设计。这也是对新的市场营销时代的一种适应。

图 2—3　日产汽车公司 20 世纪 90 年代推出的适应市场需求的新车型

第二节　人的尺度

一　自然尺度

人是自然之子。自然尺度即人作为自然的人，其生物体的尺度，包括人体各部分的尺寸、体表面积、肢体面积以及人体肌肉、组织的生物物理的特性等的尺度。

作为自然的人，人经过了数百万年的进化，形成了一个复杂的生物体系统，包括肌肉、骨骼、神经、感官、运动、能量代谢、内分泌、体液循环、呼吸、消化等多个分系统，各分系统又有自己的子系统，有着不同的结构和功能。在人类工效学研究中，一般把这些复杂的系统归为感官、神经、肌肉、骨骼、功能五大系统，这亦是与设计密切相关的主要方面。

感觉系统是人体中接受外界不断变化着的事件或刺激产生感觉和反应的机构，具体可分为视、听、触、动、味、嗅等系统。感觉系统所面对着的是一个永远变动中的一系列的光、色、形、声、嗅、味、触组成的感觉世界，感觉世界是感觉和知觉的世界。它是由将环境变化的信息传达到大脑并加以译释的过程组成的。从感觉系统而言，它一般由三部分所构成，一是直接接收刺激的部分，如眼、耳、鼻、舌、皮肤、肌腱、关节等；

二是感觉神经；三是神经中枢，主要是大脑皮层的感觉区。专业研究认为，人的感觉系统是由受纳器官所组成的，感觉系统的功能在于探索环境中的变化并将信息传到脑中进行处理。

第一，视觉系统。在人类的感觉系统中，视觉占有主导地位，我们对环境信息作出的反应，80%以上是经过视觉传入大脑的。这种重要作用在人生命的初期，视觉就开始用以探察世界的种种特征和变化。视觉的主要刺激来源于光，眼睛将环境中物体所反射出来的光线聚集在视网膜上，视网膜上的感觉细胞将收到的光刺激转化为神经活动。

第二，听觉系统。听觉是仅次于视觉的重要感觉系统，听觉的信息源是声音，声音的物理基础是振动。听觉系统包括耳、传导神经和大脑皮层听区三部分。人的设计非凡的耳朵将环境中的声音传进内耳受纳器的毛细胞，从而产生听觉。听觉是从声波沿耳道传布使鼓膜发生振动开始的。专业研究认为，人对听觉信息的接受处理主要是靠信息编码的方式来完成的，在感觉系统中，还有平衡觉、动觉、肤觉（包括触、压）和嗅觉、味觉等，各自的功能结构不同，其感觉形式也不一样，是设计中必须充分考虑的因素。

神经系统支配和调节着人体一切器官的活动和人的行为。神经系统分为中枢神经系统和周围神经系统两部分。周围神经系统指脑和脊髓以外的神经系统，包括脊神经和脑神经。中枢神经系统包括脑和脊髓。从生物学的观点看，人的一切活动都是一种反射活动，这种反射是神经系统参与下机体对来自体内外刺激的反应。反射活动分为非条件反射和有条件反射两大类，非条件反射是本能的，只要神经系统生长到一定成熟程度，就会出现，这是包括低等动物在内的主要活动方式，越是低等动物，其生存活动越依靠非条件反射。条件反射是后天的，靠学习而形成的，具有极大的可变性，是人类适应生存条件的变化的基础。

通过神经通路人体能实现活动的反馈调节，人作为一个高度自动化的系统，人的躯体活动依靠着正、负反馈进行调节，最终实现各种有目的的活动。

肌肉和骨骼系统是人实现各种运动的机构，是设计中首先关注的主要部分。肌肉是人体组织中数量最多的组织，肌肉分为横纹肌、平滑肌和心肌三类。参与人体运动的肌肉都是横纹肌，横纹肌附着于骨骼，又称骨骼肌，全身共有六百余块。人体内的骨块共有二百多块，按功能和结构形态，可分为颅骨、躯干骨、四肢骨三大部分。各骨之间经一定方式连接而构成统一的骨骼系统，骨间通过各种关节实现间接的连接，关节具有使人从事各种运动的功能。

人体的供能系统是人体活动的能量供应系统，人体能量的供给通过体内能源物质的氧化或酵解来实现。人体每天以进食的方式吸收糖、脂肪和蛋白质等物质，同时，通过呼吸将外界的氧气经氧运输系统输入体内，在体内完成能源物质的氧化过程产生能量，供人体活动使用。

人体是一个复杂的系统结构，当人类产品的生产和设计发展到 20 世纪时，以人为主体的设计思想的确立，促使人对自身复杂的系统结构及人与物关系研究的开展，人类工效学即是在理解和把握人体自然尺度的基础上，充分了解人类的工作能力及其限度，使之合乎人体解剖学、生理学、心理学特征的一门科学。现在，人类工效学不仅在机械、工具等设计中起作用，在环境、生产、安全等更广的领域也发生着重要的作用。

人类工效学是研究人自然尺度的科学。如其中的工程人体测量学，研究用一定的仪器设备和方法测量产品设计时所需要的人体参量，并将这种参量合理地运用到设计中，目的是为了在人—机—环境系统中取得最佳的匹配。工程人体测量，包括人体尺寸、体表面积、肢体面积、肢体重量和重心、肢体活动范围、肢体转动惯量、握力、推力、提举力、肺功能、心血管系统机能，以及人体的骨骼、肌肉、组织的生物物理特性等的测定，应用最广最基本的数据是人体尺寸测量。人体尺寸测量在国际上已建立了一套严密、科学、系统的测量方法，中国也已制定了相应的国家标准，包括人体测量术语、人体测量方法、人体测量仪等。

设计是为人的设计，产品生产是为人的生产，因此，其中心是人而不是物。人类工效学的建立，从科学的角度为设计中实现人—机—环境的最佳匹配提供科学的依据，并使“为人的设计”落实到科学的实际的设计中，而不仅仅停留在口头上或理想中。

对于设计而言，人类工效学是必备的条件之一，来自人的生理学、心理学的相关数据是设计必须遵循的主要数据。在人与机器系统进而到人与环境空间的系统关系方面，设计都需要人类工效学测量数据的支持。在工作空间和生活空间的设计中，特别是在一些空间条件有特殊限制的空间中，人体尺寸更是设计的重要依据。如所谓的最小工作空间，即进行作业活动所必需的最低限度的工作空间，必须依据人体尺寸进行设计，最小的通道或入孔不能小于人体尺寸，最小的手孔也必须使人的手能伸进去缩回来；楼梯的踏级宽度、自行车的车身长度和高度设计都需以使用者总体的第 5 百分位的人体尺寸为依据；公共汽车地板至顶棚的高度、座位宽度、座位前后间距、门框大小等设计，需以第 95 百分位的人体尺寸为依据；而工作台高低、坐椅高低、控制器位置等设计的人体尺寸是以使用者总体的第 50 百分位为依据的。有的工作空间是参照结构性人体的尺寸来作为设计依据的，如座椅、桌子的高度等。

有的工作空间是按照功能人体尺度来设计的，所谓功能尺寸是指为了确保产品实现某一项功能而规定的产品尺寸，有最小功能尺寸和最佳功能尺寸之分。最小功能尺寸是为了确保产品实现某一功能在设计时所规定的产品的最小尺寸，如坦克和潜艇设计，其内部空间因整体功能的规定性，总要求尽可能把各项内尺寸规定得“最小”，但又必须确保乘客能以合适的姿势进行有效的工作；最佳功能尺寸是指为了方便、舒适地实现产品的某项功能而设定的产品尺寸，这是在尽可能的情况下力争的最佳设计尺度，如船舶最佳层高设计，以男子身高（90％左右）为 175 厘米，鞋跟高修正量为 2.5 厘米，高度最小余裕量为 9 厘米，高度心理修正量为 11.5 厘米，这样，最佳层高应为 200 厘米，如以最低功能尺寸计算则为 190 厘米。在服装、鞋帽这一类的设计中，常以系列化多尺寸设计来满足人的需要。特殊的工作空间，还必须根据特定的人体尺寸来设计（图 2—4）。

图 2—4　现代厨房设计

其工作台面和挂柜的高度充分考虑到使用者工作时的身体适应性。

座位的设计一般是采用结构性人体尺寸作设计依据的。人的坐姿在很大程度上受座位的制约，一个设计不当的座位，不仅不舒适，达不到省力和提高工效的目的，而且容易引起疲劳并带来一些病痛，如脊柱的椎间盘会承受过大的压力，而引起盘内压异常增大，纤维环破裂，形成椎间盘突出症。因此，座位的设计必须与人体尺寸相适应，以人体工效学中的人体工程测量数据为设计的基础，其设计的基础原则是：（1）座位与座椅的尺寸应与使用者的人体尺寸相适应。把使用者群体的人体尺寸测量数据作为确定座位、座椅设计参数的重要依据。（2）座位、座椅设计应尽可能使坐者保持自然的或接近自然的姿势，并可以根据需要方便自如地变换姿势。（3）其设计应符合人体生物力学原理，座位、座椅的结构与形态要有利于人体重心的合理分布和利于减轻背部与脊柱的疲劳与变形。（4）座位、座椅的设计要尽可能使坐用者活动方便、操作省力、体感舒适。（5）设计要坚固耐用、稳定、不致倾翻、滑倒（图2—5）。①

图2—5　奔驰汽车公司V-CLASS汽车

1990年末推出，车座设计更为精致、舒适，除充分考虑到人类工效学的各种数据要求外，还充分考虑了折叠等多功能的要求。

① 参见朱祖祥主编：《人类工效学》，622页，杭州，浙江教育出版社，1994。

可见，人类工效学的研究是设计中最基础的研究之一，它的价值，不仅为设计提供了人的自然方面的尺度，更重要的它标志着设计的视点从物的方面转移到人的方面，形成了一个新的观看问题的方式，对原有对象的认识有了一个更新的角度，发现了一个新的价值体系。

当然，人的自然尺度仅是人生理或心理尺度的一种综合反映，对于设计而言，人的自然尺度实际上规定或决定了一定的造物尺度和审美尺度，人是以自然尺度为基准去观看、去衡量、去设计和创造的。人的自然尺度与设计的关系，具体而言表现在以下几方面：

1. 人的自然尺度首先构成和决定了人的观察方式和接受方式，如人平行对称的双眼及其结构，决定了人的视野范围、视觉成像机制，并由此决定了人的观察方式，所谓纵横俯仰的方式等。

2. 人的自然尺度构成和决定了人观察的标准、接受或感受的标准，甚至审美的标准。人自然尺度中的对称、均衡往往同构于人审美感受中的对称与均衡；音乐的节奏、旋律与人的心律是一致的，也就是说我们从音乐节奏和旋律中得到的美感是同构于心律的，不同构，我们就感觉到不美。

3. 人的自然尺度，如手长、身高等，决定了造物的尺度和极限。一方面，人的造物都以人的自然尺度为依据，如家具、用具、建筑都是如此；另一方面，人造物特别是手工造物直接受到人自然尺度的制约，如陶瓷的手工拉坯，坯体的一次性可拉高度取决于手臂的长度。

4. 人的自然尺度是造物设计的基础，又是人超越的对象，手工工具作为人手能力的伸延、车辆作为人足力的扩大，这一切都是人通过创造对自然尺度的一种超越，是人对自然尺度深刻认识和把握的结果。人对自身的自然尺度既有遵循的一面，又有超越的一面。遵循即设计中的“宜设而设”、“精在体宜”；超越即巧夺天工。

二　价值尺度与道德尺度

人不仅具有自然尺度，而且具有价值尺度和道德尺度、审美尺度等。价值最初的意义主要指某物的价值，也即经济上的交换价值。19 世纪时，价值的意义被延伸到哲学等更广阔的领域；佩里在 1926 年发表的《一般价值论》中将价值分为八个方面：道德、宗教、艺术、科学、经济学、政治、法律和习俗。一般将价值分为工具价值和固有价值或物质价值和精神价值两类。物质价值包括自然价值和经济价值，精神价值包括知识价值、道德价值、审美价值。

自然价值是自然界的物质价值，是人不可或缺的价值，如人没有空气和阳光就不能生存，这即是自然价值对于人的价值意义。经济价值，从哲学的意义上看，是指“作为主体的人和社会，在改造自然界的实践活动中所创造的，能满足人的衣、食、住、行、用等物质需要的价值”①。在造物和产品的设计、生产中的经济价值，主要指实用功能价值。在哲学层面上，经济价值是人这个主体所创造的，是主体对象化和客体人化的产物。所谓对象化，实际上是人与自然、主体与客体、主观与客观之间辩证转化的过程。在生产中，人客体化，在消费中，物主体化。在哲学上，把消费即对象满足需要的过程包括到人的活动的对象化过程之中，认为造物作为对象化的活动产品不同于单纯的自然对象，它只有在满足人的需要过程中才证实自己是产品，才使对象化的过程最后完成，因此，对象化不仅指活动的物化，而且意味着它是主体满足需要的对象。②

产品设计、生产的过程，是一个对象化的过程，这一过程充分体现了人的主体性和能动性。如果说人和动物都能进行生产，那么，动物只是按照它自身所属的那个种的尺度和需要来进行，而人则能够按照任何一个种的尺度来进行生产，即人既可以按外在的尺度，又可以按内在尺度进行生产。马克思说：“动物只生产它自己或它的幼仔所直接需要的东西；动物的生产是片面的，而人的生产是全面的；动物只是在直接的肉体需要的支配下生产，而人甚至不受肉体需要的支配也进行生产，并且只有不受这种需要的支配时才进行真正的生产；动物只生产

① 李连科：《价值哲学引论》，200 页，北京，商务印书馆，1999。
② 同上书，206 页。

自身，而人再生产整个自然界；动物的产品直接同它的肉体相联系，而人则自由地对待自己的产品。动物只是按照它所属的那个种的尺度和需要来建造，而人却懂得按照任何一个种的尺度来进行生产，并且懂得怎样处处都把内在的尺度运用到对象上去；因此，人也按照美的规律来建造。”① 与动物的生产相比，人能够按照任何一个种的尺度来进行生产和设计，即认识各种客观对象的属性和规律并利用它来改造对象；还按照内在尺度进行生产，把外在尺度和内在尺度结合起来进行生产。内在尺度实际上即人的需要，即效用原则。在造物和产品生产中，内在尺度规定了造物的效用形式和功能。

造物、设计在一定意义上说是一种创造形式的活动。哲学家认为人同自然界的物质交换本质上是形式交换，这里，无论是人的客体化还是物的主体化，都表现为一种形式的变化。在造物中更是如此，人按照自己的内在尺度，按照美的规律去建造，实际上是一种形式的建造。通过设计、工艺加工过程、改造和塑形，使原有的对象发生形的变化，产生新的形态和结构、功能，这亦是劳动，是设计的对象化（图 2—6）。人在这种对象化的过程中，不仅设计生产了为人所用的产品，满足了自身的各种需要，也确立了人自身的价值，确证了人作为类的人的存

① 《马克思恩格斯全集》，中文 1 版，第 42 卷，96～97 页，北京，人民出版社，1976。

在价值和伟大意义。

精神价值是相对于物质价值而言的，它是客体与人的精神文化需要的关系，主要包括知识价值、道德价值和审美价值。精神价值是以物质价值为基础并超越物质价值的产物，是人类全面发展进步的标志。在造物生产和产品设计中，精神价值主要指产品中所包含的科学知识价值、合目的性和合规律性所体现出的道德价值以及由造型、形式表现出的审美价值。

图 2—6　“阿可”台灯

由卡斯提格里奥尼兄弟设计，使用大理石作基座，不锈钢灯架，铝罩，1962 年。

知识价值是人类对事物的认识和经验的总和，也包括技术技能，由理论知识和经验知识两部分构成。知识是人对客观规律的正确反映，当知识作为客体时，知识既具有了社会意义从而也具有了价值。知识价值的显现，自古至今未有中断，而且，社会越进步、越发展，知识价值的作用越大。人类社会发展水平，一方面取决于生产力水平，一方面取决于知识价值量的大小，随着社会历史的发展，科学文化知识的价值其贡献和作用越来越大，越来越居于重要地位。人类总是通过知识的继承、积累和创新，通过科学技术知识的发展，并将其有效地引入生产过程和社会实践中，推动社会的发展与进步。一个国家的国力大小、发展与否，与这个国家的知识总量和科学技术知识水平密切相关。现代社会是一个知识社会，未来的时代是一个知识经济的时代，知识生产成为未来社会生产力发展的关键因素。

在产品设计中，知识价值是由产品从设计到制造完成以及产品本身所包含的科学技术知识所体现的。产品往往是科学技术知识的集合体、物化物，产品也是知识价值最生动最直接最客观的代表（图 2—7）。当然，产品中不仅体现了科学技术的知识价值，还体现着社会科学和哲学知识的价值，如产品中所蕴含的道德价值和审美价值。

图 2—7　作为现代交通工具的汽车

现代汽车的设计集中了现代科学技术的众多成就，也是一个国家设计水平的综合体现。

道德也是一种价值，从价值尺度而言，道德是价值的一种尺度。道德价值实际上即是善的价值，是人高尚的道德行为、优秀品质、高尚的道德理想和人格所产生的一种精神价值。道德价值是推动社会进步、推动人类正义事业发展的真正价值。在日常社会生活中，每个人都根据自己的价值去评价别人和确定自己的行为与品质，道德价值构成了人评价和要求自己的一种尺度。

道德与利益有密切的相关性，在中国古代所谓的“义利之辨”和“理欲之辨”，实质上是道德与利益关系的论争。在义利之间，即在道德与利益之间，两者具有同一性，如我们提倡的共产主义道德的根本原则是集体主义，在社会主义社会这个大集体中，个人利益和集体利益本质上是一致的，维护了个人正当的利益也即维护了集体利益，本质上也符合了共产主义的道德原则。在一般意义上，道德相对于人的精神需要而言；利益相对于人的物质需要而言，都属于价值的范畴，在价值意义上两者具有同一性。但品德高尚的人可以牺牲个人的某些利益而维护社会的、集体的利益，利益与道德又具有矛盾性，在利益的获取和分配方面都反映出这种矛盾。优秀的、公认的社会道德原则往往是调整或协调这种矛盾的工具。两者的同一性是根本的，本质性的，利益是道德的直接基础，马克思主义认为无产阶级的道德基础是无产阶级的利益；道德属于上层建筑范畴，是由其经济基础决定的，社会的经济关系亦总是由一定的经济利益表现出来的，因此，人类的道德随着经济的需要而发展，即适应着社会实践的需要。当然，道德与利益之间有着多重的复杂的关系，有的要根据具体情况而论。

道德在一定意义上具有理想的色彩，如共产主义道德，人们以其高尚的理论为精神动力和行为指南。道德价值作为善的价值，在产品设计上，是由产品的合目的性所体现出来的。产品的合目的性，主要表现在实用功能和审美功能方面，人类为了适应自身需求而进行的产品设计和生产，实用价值和审美价值的创造是其基本的目的。对于设计而言，合乎上述目的即是善的，道德的。在设计上，道德价值的体现也有不同的层次，首先是实用价值的满足与保证，为人所用的产品如果不能合其目的性即是一废物。人类造物的根本目的是满足人的需要，人与周围世界的一切对象性关系，也是以需要为根本前提的。人类生命活动的性质和方式，表现在人类所特有的生命需要以及满足这些需要的方式上，因此，从价值意义上来认识，物的实用价值是人类价值意识中最基本的形态，它直接维系于人生命本体的生存和延续，是人类生命价值观的产物。马克思说过："一切人类生存的第一个前提，也就是一切历史的第一个前提，这个前提是：人们为了能够'创造历史'，必须能够生活。但是为了生活，首先就需要吃喝住穿以及其他一些东西。因此第一个历史活动就是生产满足这些需要的资料，即生产物质生活本身"①。这里不论是作

① 《马克思恩格斯选集》，2版，第1卷，78～79页，北京，人民出版社，1995。

为美的有用之物或是不美的实用之物，在造物之初的目的，都表现为维持生命的需要，或与人生存的绝对需要相联系。因此，在这一意义上，产品的效用价值、经济价值与人的生命价值是同一的，并服从于永恒的生命原则。实用价值是人内在的生命价值凝结在造物上的外化形式，其巨大的聚心力几乎支配了人类工艺造物的所有历史阶段，成为人类创造活动生生不息的动力源。只有在此基础上，才有可能出现其他形态的价值观念和意识；也就是说，物的实用价值是根源于人的自然性的，是必须遵从的。

第二，道德价值作为善的价值，善与美又联系在一起，即产品的道德价值中又包含有一定的审美价值因素，或与审美价值相联系。

第三，道德尺度往往又具有伦理的意义。在产品设计上，设计师从事产品设计不仅要满足实用价值的需要，而且要通过审美价值的创造和实现使产品的各项性能和价值最终具有道德的乃至伦理的价值。作为世界艺术设计界重要专业刊物之一的《多姆斯》杂志主编维托里奥·马尼亚戈·兰普尼亚尼在论及设计时认为：我们把设计看成是一种极具耐心的、思考周密的、精确无误的且富有竞争性的工作，我们通常希望其结果是实用、精美，只在极少的情况下我们期待它成为一件艺术品，但这还不够，必须“坚信设计的社会功能意味着引导它脱离单纯的愿望并且使之不仅回归于美学而且回归于伦理的范畴。”① 归于伦理的范畴有其丰富的内涵，可以认为，现在最重要的也许与对自然和生态的尊重、有效利用和保护有关，以最大限度地节约资源，爱护环境为基本原则。

三　审美尺度

审美尺度即审美的价值尺度。审美价值属于精神价值范畴。人类的审美活动或者过程包括了客体和主体两方面，美首先来源于作为客体的自然界或事物（产品），但它又与主体的审美需要、审美心境相联系，是两者结合统一的产物，在价值意义上，即是客体的属性与主体的审美需求和审美心境之间的一种关系。

审美价值是建立在主客观特殊关系上的一种特殊价值。这种价值具有客观性，客观性的主要表现是它与使用价值的联系以及它的物理属性。使用价值体现着客体属性与主体需要之间的某种联系。马克思在分析黄金白银一类的物质材料时，曾认为金银在消费意义上可说是多余的，可有可无的东西，而在审美意义上它们具有价值的意义，是满足人装饰、炫耀甚至是奢侈的天然材料。银具有反射出一切光线的综合的白，而金则反射出强烈的黄色，这些都表现出一种效用性和使用价值（图 2—8）。

---

① ［意］维托里奥·马尼亚戈·兰普尼亚尼：《设计之技艺性》，载《多姆斯》，1992（2）。

图2—8 现代首饰

其设计表现出复杂而丰富的意义，既有使用价值，又有保存价值和审美价值，在一定意义上又有荣誉价值，作为某种身份地位的象征物而存在。

在工艺美术和产品设计中，物的实用价值与审美价值的内在联系更为广泛。首先，产品的审美价值是在其功利价值的基础上产生的，一切产品的设计与生产直接表现为满足人的某种物质需要，因此，必须具备一定的使用功能，即有效性。功利价值作为人类社会中最早产生的价值形式，是由产品的实用功能性所体现的，这亦可以理解为审美价值的客观性。列·斯托洛维奇在《审美价值的本质》中认为："审美价值是客观的，这既因为它含有现实现象的，不取决于人而存在的自然性质，也因为它客观地、不取决于人的意识和意志而存在着这些现象同人和社会的相互关系，存在着社会历史实践过程中形成的相互关系。"① 审美价值在

① ［苏］列·斯托洛维奇：《审美价值的本质》，29页，北京，中国社会科学出版社，1984。

功利价值或者说在使用价值的基础上产生，并成为它的辩证对立面，也就是说审美价值具有相对的独立性，由感性感知可以接受的独特的完整形式体现出来，表现出对人和社会、对人与世界关系确证的综合意义。第二，艺术设计的产品是美与效用、审美价值与使用价值的统一体，审美价值与实用价值一起构成了产品的综合价值，审美价值是产品造型和色彩所体现并为人所感受的东西。产品美的形态与物的结构和功能密切相关，甚至不可分离；因此，在工艺美术和产品设计上，审美价值可说是一种广义的使用价值。在这里，美与好是联系在一起的，审美价值与使用价值、经济价值也是联系在一起的。

审美价值与道德价值又有密切的联系。中国自古即有“美善相乐”、美善相通的思想，高尚的道德被称之为“美德”，因而善就是美。但审美价值与道德价值是两种不同的精神价值，有时善的不一定就是美的，如道德高尚的人也许其貌不扬，外表美的人道德不一定高尚；有的艺术作品可能是美的，但缺乏道德价值；大自然之美在道德意义上可以说是中性的，但具有审美价值。审美价值具有较广泛的意义，伦理的、道德的价值有时蕴含于其中，有时又独立于其外而形成矛盾。但总的来说，审美的和道德的两方面是互相适应着的，善适应美，恶适应丑，审美领域与伦理领域交织而贯通。这在产品设计领域具有同样的表现，我们把实用功能的体现作为合目的之“善”而相通于

“美”，在产品上，功能之善与功能之美是同一的。因此，优秀的产品设计、一个既有实用价值又具有审美价值的产品，应是审美价值与道德价值统一和谐的产物（图 2—9）。

图 2—9　北欧设计风格的扶手椅

瑞典设计师马特逊 1936 年设计，构架采用弯曲木，另外的仅是编织物，形成自然、淳朴、简洁的设计风格，体现出人与自然材料的亲和性。

审美价值有着自身的结构和与其他价值的各种关系。其中两个基本的方面，第一是所谓的“感性现实”，即形成对象的外部形式、尺度大小、颜色、亮度、表面特征等自然性质。这种性质不仅为我们审美感知客体的纯自然现象所固有，也为具有审美价值的社会现象如艺术设计产品、艺术作品所固有。第二是位于这种感性现实后面的东西，它来自于人的认识与感受、人的审美感知、审美体验，即审美价值的规律与意义，是人与审美对象关系所表达的意义。马克思在对动物活动和人的劳动进行考察时得到一个重要的美学结论：“人也按照美的规律来建造”，人能按照任何一个种的尺度来进行生产和创造，并能把自身内在的尺度运用到对象上去。因此，审美价值的意义就表现在对于感官生理机能的意义和审美本身的意义这两方面，审美本身的意义是属人的存在，是在人类劳动与创造过程中产生的，表现出一种人与创造的可能性之间的关系。这与审美价值既包括自然（产品）的成分又包括社会、人的成分是一致的。

第三节　设计美学

一　功能之美

一般而言，人们设计和生产产品，有两个起码的要求，或者说其产品必须具备两种基本特征：一是产品本身的功能；二是作为产品存在的形态。功能即其使用的价值，是产品之所以作为有用物而存在的最根本的属性，没有功效的产品是废品，有用性即功能是第一位的。如前所述，实用价值植根于人的生命价值，其他价值是在此基础上生发出来的。由于实用价值（即物的功能价值）能满足人生命生存的需要，合乎人的目的性，因而使人感觉到满足的愉悦，进而体验到一种美，即功效之美。在产品的设计与生产中，功效与美是联系在一起的，是产品设计的一种本质性的存在。

技术性产品和艺术品都具有一定的功能，技术性产品是适应实际生活需要的产品，对它自身来说是服务于外在目的的，它的价值意义依存于既定目的本身，因此，合目的功能有效性成为判断的重要尺度；艺术品是按照人精神上内在美的需求而创作出来的，它因自身而受到尊重，按照自身的内在意义而受到评价，它的价值对于对象本身而言完全是内在的，这一点它与实用性产品有了明显的区别。

具有美的价值的艺术品与实用性的产品在原则上是不同的，艺术品作为美的对象被观照；技术性产品则被限定于为在它以外的某种功利的目的而被使用。艺术品在其纯粹形态上与功利性无关，而技术产品从设计时起就具备了有用这一目的和规定性。也正是这一规定性才伴随着功能美的效果，如飞机、汽车等产品，完善的功能带来了技术美感（图 2—10）。产品的功能之美，以物质材料经工艺技术加工而获得的功能结构的价值为前提，以与之相适应的感性形式的统合而确立。功能美的因素，一方面与材料本身特性的发挥联系着；另一方面标志着感性形式本身符合美的形式规律。法国学者查理斯·拉罗认为技术产品美的结构犹如音乐多声部组成的整体和谐的“超结构”，在音

图 2—10　铁道车辆设计

完善的功能系统表现出的技术特征和审美特征，成为人们日常生活的一部分。

乐中，多数的声部是以“音对音”的关系同时发出音响，各声在它自身固有的旋律结构上，并且也在同其他诸声的关系上，在整体的和谐的“超结构”上被人们所欣赏。产品的美也是这样，构成工业产品的多种不同质的结构各自有其价值，但其整体因这些因素相互一致而呈现出超结构的和谐时，这里就存在着美。拉罗把工业产品的美分为五个范畴（所谓声部）：一是功能的结构，功能的结构自身是美之外的东西，只有当它与其他结构统合时，才显出美的意义；二是材料的结构；三是有机的结构，拉罗认为机械或产品也同有生命的东西一样，包含着各种器官，有主要的有附属的。从美的观点看，本质的器官优于附属的器官，其重要性的显著程度决定了人的喜好；四是形式的结构，形式结构是功能结构的一个互补，包括几何学图形、对称、均衡、色泽、光洁度等诸多形式要素；五是环境的结构。这五种结构作为基础结构，整合成一个“超结构”，是各结构互为依存、作用而形成一个整体所获得的美的意义。① 拉罗的这种分析将功能结构作为整个系统结构的一部分，美是各部分谐调的产物，其中包括功能之美。

人类对待功能及功能之美的认识有一个不断深化的过程。在 18 世纪以来的近代美学思潮中，美曾是一个与功能、与实用

① 参见［日］佐佐木勇：《工业艺术论》，见竹内敏雄主编：《艺术与技术》，172～180 页，日本，东京美术出版社，1976。

价值无关的纯粹性的东西。康德的美的自律和艺术的自律性把功能、功利全都排斥在外，美是超越有用性的产物。在黑格尔以后的德国哲学思想中，美也是理念性的东西，新康德学派更是强化了美的纯然性。18世纪以来的近代艺术与这种美学的、哲学的思潮相应，实践着“为艺术而艺术”的信条。与哲学远离生活高高在上的浪漫态度一样，艺术也是居于生活和功用之上的。冲破这种对美的纯化的膜拜，是大工业生产实践和迅猛发展以及生活中对实用艺术的迫切需要。当19世纪下半叶尤其是进入20世纪，机械生产已经能够生产出具有很好的功能又独具审美价值的产品时，这种产品之美的存在现实不得不迫使人们重新思考艺术与生活、功能与美的关系，思考的结果，导致了“工业美”、“功能美”等诸多新美学观念的产生与确立，使“功能美”成为现代产品美学、设计美学的一个核心概念。

“功能美”最本质的内容是实用的功能美。功能主义认为凡是有用的东西都是美的，明确表现功能的东西就是美的。这是20世纪初在设计领域中占主导地位的功能主义思潮的主要理论。功能主要是实用功能，无论是建筑还是工业机械产品的设计，实用功能是第一位的，所谓“功能决定形式”，尤其是在功能主义设计师那里，实用功能几乎是唯一的功能，是“完美而纯粹的实用价值”和“从适用性和简洁性而来的干干净净的优美和雅致"[1]。这里，设计家们把实用功能与装饰绝对化地对立起来，以强调功能的重要性和反叛装饰的矫饰之风。建筑家沙利文写道："装饰从精神上说是一种奢侈，它并不是必需的东西"，"如果我们能够在若干年内抑制自己不去采用装饰，以便使我们的思想专注于创造不借于装饰外衣而取得形色秀丽完美的建筑物，那将大大有益于我们的美学成就"[2]。以至沃伊奇也写道："把一堆无用的装饰一扫而光"将是健康、令人满意的举动。

这种把装饰美与功能美截然对立的美学思想，表明了当时人们所理解的功能以及功能美是十分狭隘的。随着设计实践的发展，人们对功能以及功能美的认识逐渐扩展开来，提出了功能与合目的性的关系以及合目的性美的问题，合目的性显然是一个比实用功能宽泛得多的概念，凡是符合人的某一目的的事物都是合目的性的事物，按照解释，实际上即使是多余的装饰、附加的装饰，只要它能引起人的美感，或符合一部分人的需要那也是合目的性的，不过，在功能美的合目的性的理论界定中，还主要是指那些实用的功能结构的合目的性。

德国工业设计师们曾指出 TWM 系统功能理论，对产品的功能进行了比较全面的解释。他们认为产品的功能应包括技术

① ［英］尼古拉斯·佩夫斯纳：《现代设计的先驱者——从威廉·莫里斯到格罗皮乌斯》，13 页，北京，中国建筑工业出版社，1987。

② 同上书，9 页。

功能（T）、经济功能（W）和人相关的功能（M）三方面。技术功能主要指产品物理化学方面的技术要求；经济功能涉及产品的成本和效能；与人相关的功能涵盖面较大，包括产品使用的舒适、视觉上的愉悦美观等。这样的功能美实际上包括了设计美的全部内容，与我们的实用、经济、美观的设计原则有一致性。把功能理解为一个从内到外、从功效价值到审美价值的整体，应当说是相当深刻的，功能不仅是实用功能、给人精神上的愉悦、享受也是一种功能。而且，工业设计产品只要进入人的生活过程其功能从来都不是单一的，而是综合的，不仅有物的实用功能，还有物对人的其他功能、对社会的功能和对环境的功能等，既有实用经济方面的价值功能，又有审美的和潜在的教育意义上的社会功能。这诸多功能又与人造物的最终目标——为人服务、为生活服务相联系，它是人需要的多样化的具体体现（图 2—11）。

图 2—11　现代铲车设计

作为搬运工作的重要工具，铲车的功能性是设计的第一要素，在完善的功能设计中，形式的美感亦受到设计师的关注，在科技发达和设计水平高度发展的今天，人们完全可以做到实用功能与审美价值的统一。

在设计中重功能的思想

并不是现代人所独有的，早在人类创物之初这一思想已经成为设计的基本思想了，见诸文献的功能主义思想在中国先秦时期的诸子学说和古希腊罗马时期的哲学论辩中已作为一个哲学、经济学的命题而深入研讨过，并成为历代功能主义的先声。不过，现代功能主义思潮的涌现是现代设计发展的产物，对于现代设计和现代美学有着特殊意义。从 19 世纪末建筑师沙利文明确提出“形式服从功能”到包豪斯强调技术与艺术的新统一，再到四五十年代流行于整个世界范围内的“国际式”设计风格，功能主义设计思潮不仅使设计摆脱和纠正了 18 世纪以来重外在形式不注重产品内在功能的偏向，而且它同时也创立了一种简洁、明快具有现代审美感性和时代性的新风格，所谓“无装饰的装饰”风格，深刻发掘了来自功能结构的美，一种受内在结构规范而率直、忠诚地外展的美，并使人对功能与形式、功能与美术之间关系的认识进入了一个新的层面（图 2—12）。

功能主义思潮从 60 年代开始消退，代之而起的是后现代的各种主义，并夹带着一种形式主义的复古趋势，这似乎是对功能主义思潮的一种反抗和反思，也是西方经济发展、审美情趣变换的结果。但在设计中所产生的功能美理论其历史意义没有消失，可以说，“功能美”理论的形成和发展，进一步深化了艺术设计的美学研究，并使其系统化。功能美理论从一个侧面表述

图 2—12　现代椅子设计

在保证功能的基础上，力求形式上达到审美的新高度，这是设计师不断追求的目标。

了艺术设计的基本性质和工艺之美的基本特征，其历史意义和存在价值大致有如下两方面：

1. “形式服从功能”的理论价值与意义

作为功能论者的第一个重要主张就是建筑师沙利文提出的“形式服从功能”的口号。从产品设计的本质特征而论，形式服从功能是正确的、基本的。作为为人而用的工业产品其形式必然来自功能的结构，而不是功能来自于形式。列宁对此也曾有过一段精彩的分析，他说：“如果现在我需要把玻璃杯作为饮具使用，那么，我完全没有必要知道它的形状是否完全是圆筒形，它是不是真正用玻璃制成的，对我来说，重要的是底上不要有裂缝，在使用这个玻璃杯时不要伤了嘴唇，等等。”[1] 在一般情况下，几乎所有工业产品包括手工产品其形式都是由功能所决定的。以“形式服从功能”的口号反对当时工艺生产和建筑中的虚饰之风，具有积极而重大的意义。但从“形式服从功能”发展为“功能至上”的功能主义则显现出了片面性。

从理论看，功能与功能主义是两个完全不同的概念，强调功能与提倡功能主义也是两个完全不同的主张。强调功能，是强调功能在诸因素中的重要性，而不排斥其他因素；而功能主义不同，它具有排他性，即非功能的一概不要。因此，“形式服从功能”的理论是积极的，功能主义则是消极的，片面的。尤其是在现代没有人反对强调功能、主张虚饰的情况下，提倡所谓的功能主义更是一种消极的倒退主张。

系统论曾认为一件产品、一台机器和一座建筑都是一个系统，任何系统都有一定的结构和功能。所谓结构，指系统内部各要素之间的组合关系和连接关系；功能则是系统与外部环境之间的相互作用而表现出来的规定性，结构是功能的基础，功能是结构的外化，是结构系统与外部环境之间进行的质量、能量和信息的交换。当设计家们把物的功能当作设计造物的唯一目的来追求时，显然是把结构与功能混为一谈，为产品结构而

---

① 《列宁选集》，3 版，第 4 卷，419 页，北京，人民出版社，1995。

结构，把主体的人的需要变成了单一的实用需要，这里，并不是“形式服从功能”，而是取消形式的功能至上、功能主义。功能主义利用了“形式服从功能”的口号，而走向了极端，它与“形式服从功能”的思想主张可以说是背道而驰的。

2. 合理的功能形式是美的形式

功能与形式是一个相对的范畴，功能与形式密切相关。一个合理地表达了内在结构或适当地表现了功能的形式应当是一个美的形式，这就是中国古代所提倡的“美善相乐”的思想，合理的功能形式是一个好的善的形式，因而必然也是一个美的形式。原始石器工具中的箭镞、手斧、刀、刮削器等工具功能结构的完善是与对称、光洁、美的形式联系在一起的，这种建立在实用、合理甚至是典型结构上的功能形式，不仅因为好即善而美，它在自身形式上也具有美的形式要素。在工艺中，工艺的美是从功效技术中产生发展而来的，是建立在实用合目的性基础上的美，因此，工艺美本身就是功能与结构的一种反映。或者说，工艺美之所以不同于一般艺术的美，是由工艺的实用性所规定，人是以实用有益为尺度来看待工艺之美的，这也表明人们对工艺与绘画等艺术的审美要求和出发点是不相同的。

当然，物的有用性和功能价值各有特点，从美与功能的相互关系而言，只要真实而完善地表达了结构和功能的形式，没有虚饰，又充分考虑到人的合理性要求，无论形式处于什么样的层次，都可以说是一种美的形式，或具有美感的形式。苏联著名的飞机设计师阿·安东诺夫曾说过，在实践中常常是技术上越完善的东西，在美学上也就越完善（图 2—13）；反之，如果一个构件表面很难看，那么这将是一个信号，表明它的内部很可能会有一些技术上的失误和欠缺。作为功能美的形式，不仅因为功能结构的形式本身适应着不同场合和实用的要求，而且这种功能形式还与真、善相联系。日本著名美学家竹内敏雄曾在就自然美、技术美和艺术美各领域美的价值与功效价值特别是实利价值的关系进行解析时认为，自然的诸对象既能以美的态度进行观照，又可以实用功利的态度使用它，因而这些对象如具有符合这两种意识态度的性状和质地，就可以同时是美的

图 2—13　现代汽车的美的形式

现代汽车是一个技术上日趋完善的系统，其美的形式也日益呈现出多样性、和谐性，并达到一种深刻的程度。

又是有用的。自然的产物从理论的、实践的以及美的态度的任何一方面来看，都是开放性的；而人工的产物，作为纯艺术，其自身则被限定在作为美的对象的层次上而被观照；技术领域的工艺，则被限定在为它以外的某种功利的目的而使用，但这种被使用的工艺造物，与艺术品也具有功利的效用一样，是按照美的规律、考虑到美的效果，希图唤起人的美感而被制作成的（图 2—14）。这就是说，艺术设计的产品既是实用的对象又是被观照的审美的对象，它与纯艺术品与功利无关的纯粹形态相反，是充分符合制作目的的有用的美物。也正因为它有用才伴随着美的效果，如现代巨大的军舰船只，航天飞机都是极为实用的功能结构，其形式又使人感到美，是一种高度的技术美，合理的功能美。因此在艺术设计领域内，合理的功能形式是一个美的形式，它是用与美的统一体或用与美的特质结合统一的具体表现。

图 2—14　唐代茶碾子

二　科学之美

科学在我们的印象中完全是与美无缘的，方程式、分子式的严谨、刻板，使我们无法将科学的追求与美的追求联系在一起。也许对于“科学中有美吗”这一类的问题人们不敢轻易否定，而对于“科学是在追求美吗”这样的设问大多数人会持否定态度。传统的经验告诉我们：科学是对自然客观规律的探求，是求真的活动，但现代科学发展的事实和科学家的努力告诉我们：科学与艺术一样，科学家与艺术家都在努力追求着美（图 2—15）。

图 2—15　科学与艺术图式

科学与艺术犹如两条巨龙，都追求着真理的“太阳”，美是真理的“太阳”的形式显现，在追求中它们形成一个整体，构成一个完整的图式。

当代著名科学家彭加勒在一篇文章中这样写道：“科学家之所以研究自然，不是因为这样做很有用。他们研究自然是因为他们从中得到了乐趣，而他们得到乐趣是因为它美。如果自然不美，它就不值得去探求，生命也不值得存在……我指的是本质上的美，它根源于自然各部分和谐的秩序，并且纯理智能够领悟它。”曾为牛顿和贝多芬写过传记的杰出作家沙利文对彭加勒的上述认识评论说：“由于科学理论的首要宗旨是发现自然中的和谐，所以我们能够一眼看出这些理论必定具有美学上的价值。一个科学理论成就的大小，事实上就在于它的美学价值……我们要想为科学理论和科学方法的正确与否进行辩护，必须从美学价值方面着手……我们可以发现，科学家的动机从一开始就显示出一种美学的冲动……科学在艺术上不足的程度，恰好是科学上不完善的程度。”①

美，几乎成为科学家检验自己的标准之一。著名物理学家H. 邦迪曾回忆道：“我记得最清楚的是，当我提出一个自认为有道理的设想时，爱因斯坦并不与我争辩，而只是说，呵，多丑！只要觉得一个方程是丑的，他就对之完全失去兴趣，并且不能理解为什么还会有人愿意在上面花这么多时间。他深信，美是探求理论物理学中最重要结果的一个指导原则。”②

科学家们都自认为自己是在探求美，认为“终极设计者只会用美的方程来设计这个宇宙”③，宣称：“如果有两个都可用来描述自然的方程，我们总要选择能激起我们审美感受的那一

① ［美］钱德拉塞卡：《莎士比亚、牛顿和贝多芬》，69页，长沙，湖南科学技术出版社，1997。

② 转引自［美］阿·热：《可怕的对称》，9页，长沙，湖南科学技术出版社，1997。

③ 同上书，11页。

个。”并呼吁：“让我们先来关心美吧，真用不着我们操心。”①科学家们发现，大自然在最基础的水平上是按美来设计的，“自然在她的定律中向物理学家展示的美是一种设计美”，因此，“审美事实上已经成了当代物理学的驱动力”②。物理学家们现在必须训练他们的眼力，以看出指导自然设计的普遍原理，去捕捉自然中的美。

事实上，爱因斯坦的广义相对论，被科学家魏尔称之为推理思维威力的最佳典范，是现有物理理论中最美的理论。爱因斯坦自己也认为“任何充分理解这个理论的人，都无法逃避它的魔力”，这个魔力是什么呢？是美。诚如玻尔所说，广义相对论“在我看来就像一个从远处观赏的伟大的艺术品”。创建引力规范理论的魏尔说：“我的工作总是尽力把真和美统一起来；但当我必须在两者挑选一个时，我通常选择美。”当初魏尔发现和创建了引力规范理论，但没有被证明，魏尔自己也感到这个理论可能不是真的，但这很美，而不愿意放弃，过了许多年以后，当规范不变性被应用于量子动力学时，魏尔的直觉和对美的选择被证明是完全正确的。

美与真的上述关联不仅在物理学领域，在其他科学领域同

① 转引自［美］阿·热：《可怕的对称》，14 页。
② 同上书，11 页。

样存在。1915年在数学上一鸣惊人的印度数学家拉玛努扬曾留下了几百个公式和恒等式，华生在最近对其进行研究的过程中发现，阅读和理解这些公式，简直令人惊心动魄，其心灵的震颤犹如走进美第奇教堂的圣器室，见到文艺复兴三杰之一的米开朗琪罗放在美第奇墓上的雕塑名作《昼》与《夜》（图2—16）、《晨》与《暮》（图2—17）时所引起的震颤一样，这两种美的感受确实是无法区分的。

图2—16 米开朗琪罗作雕塑《昼》与《夜》

准确的人体表现，生动的传神刻画，无与伦比地展现了人类艺术的才华。

图2—17　米开朗琪罗的《晨》与《暮》

科学家与艺术家一样，都以自己敏锐的直觉和智慧去探求大自然和人生命历程中的美。从这种共同的探求中我们发现，科学与艺术是密切相联系的。著名物理学家李政道认为，科学与艺术是一枚硬币的两面，不可分割："他们的关系是智慧与情感的二元性的密切关联。伟大艺术的美学鉴赏和伟大科学观念的理解都需要智慧。但是随后的感受升华和情感又是分不开的。没有情感的因素，我们的智慧能够开创新的道路吗？没有智慧，情感能够达到完美的成果吗？它们很可能是确实不可分的。如果是这样，艺术和科学事实上是一个硬币的两面。它们源于人类活动的最高尚的部分，都追求着深刻性、普遍性、永恒和富有意义。”①

艺术设计是科学技术与艺术结合的产物，或者说，科学与艺术的统一是设计的最本质特征。艺术设计是美的设计，艺术设计的过程是设计师追求和探索美的过程，表达和物化美的过程。如果说设计艺术家与科学家都同样追求着美，那么，科学家可说是在寻求和发现，而艺术设计家则是在寻求和创造。

三　技术之美

在近代产生真正意义上的自然科学以后，科学与技术形成了一种共生关系，技术深深地打上了科学的烙印，形成了现代品质的科学技术；只是在手工业领域，还保留着传统的手工技术。无论是大机器生产技术和手工业技术，在美的本质上它们有共同之处。现代科学技术可以说不仅改变了生产本身，也改变了人的存在方式，改变了人的审美意识，并使人们重新认识和发现包含在技术中的美，一种独具价值的美。

技术美界于自然美与艺术美之间，主要指机械工业技术的美。如果从“技术美”的完整意义上看，人类的技术构成则是多种多样的，应当包括手工技术之美。

手工技术的美与机械技术的美相比，手工技术的美常带有

① 李政道：《科学与艺术》，载《装饰》，1993（4）。

个人的情趣，贯穿着人的精神，保持着经验、感性的特征，在诸如陶艺、编织、刺绣等手工艺术领域中的技术，往往直接具有艺术的性质，如陶瓷工艺中的泥条盘筑既是一种工艺技术，又是一种造型的艺术。因而在大机器生产时代，更可以把手工艺品和手工技术纳入造型艺术的领域，而机械技术、机械性的限制，使得这种技术产品很少表现人的精神情趣，更多的是一种机械工艺的技术表现，其技术性的美感十分明晰。

技术美与功能美有着内在的联系和一致性，其作为“包摄着本质上同功效相联系的全部美的一个概念，而标志着同自然美和艺术美均有区别的特殊的美的存在领域，并能在这两极的范畴概念之间占有一个独立的地位”①。

技术美不同于功能美，但与功能美密切相关。功能美构成了技术美的特征，也是技术美意识结构的核心因素。按照日本美学家竹内敏雄对技术美的理解，技术美的价值的本质构成因素表现在：首先，有用的技术对象为了作为承担美的价值的事物而为人所体验感知，必须按照内容与形象统一的美的规范。它的内在意义在与之相适应的形态中得到表现，以至从这个外形就可以见出其中普遍渗透的内容。然而，工程技术虽然同造

① [日] 竹内敏雄：《论技术美》，载《社会学，伦理学，美学文丛》，1985 (1)。

型艺术一样也是创造可视的直观形象，但却看不到美术品所表现的那种对象内容。产品虽然没有表现对象但却具有使用目的，按照这个目的有效地发挥功能是它固有的意义。这个功能的意义只是作为单纯目的论的意义而被表现和认识，还不能以此作为本来的内涵。但是产品的功能作为内在的活动而在生意盎然的形态中表象出来，并作为充实而美的东西为人的所体验时，就相当于艺术品的内容。在这个内容和其外在化的形象两者的统一上构成了技术特有的美。这里，竹内敏雄首先指出了工业产品包括产品的内容主要是物的功能和有用性；第二，功能必须通过形式表现出来，即通过具体而鲜明的形象、为人所感知的形式表现出来，功能与形式的统一构成了工业品独特的内容，而技术美就是内容与形式统一的美。①

技术在工艺造物中是作为过程和手段而存在的，它存在的具体化只有在对象物上才能得到反映，它的美也只能在对象物上表现出来。具体而言就是必须通过工艺材料、形式和功能三方面表现出来。

工艺技术在很大程度上是对材料的运用、加工技术。包括选择合乎目的的材料和赋予符合其固有物质特征的形式，即形

① 参见［日］竹内敏雄：《论技术美》，载《社会学，伦理学，美学文丛》，1985（1）。

式与物质材料的性能一致，胜任或适合使用。工艺材料不仅对于造物的实用功能有决定意义，而且是形式的内容之一，它展示着来自材料自身的美。因此，工艺加工制作中对材料的利用不仅是为了实用价值的实现，同样有助于技术美的确立。诚如竹内敏雄所认为的那样，技术加工的劳动是唤醒在材料自身之中处于休眠状态的自然之美，把它从潜在形态引向显性形态。

技术美除表现在对材料的选择加工方面外，在物的形式方面还有更多的反映。因为工艺技术通过加工材料，成就物形，是以美的规律为基础的，工艺造物的形体、色彩等感觉的要素是通过技术构造的形的要素，也是技术美的具体形式。技术在材料的加工过程中遵循着自然的内在规律，而在艺术形式的构造上，则可以超越来自材料自然性的限制而趋于自由。如产品造型中普遍出现的几何形体结构便是超越自然的产物。大机器工业制品大多是几何形体的，这些规律性很强的富有秩序感的机械形式表现着深刻的合目的性美和技术美。产品造型简洁、整一，风格一致、轻快，无不必要的装饰和附饰，材料、结构、功能、形式合体而和谐，这就是大机械工业技术的美（图 2—18)。这种技术美具有一种冷峻的理性精神和精确性风格，与手工技术所表现出来的技术美明显不同。手工技术美可以说是一种柔性之美，灵性之美，是从人的手中流溢出来的富有人情的美，从而是具有个人风格特征的技术美，这种个人性风格可以是一种受社会大多数人欢迎、被接受的，也可能是为少数人所特定的。但大机器工业产品虽然不具备手工技术的个人风格，却是以大多数人的审美要求即社会和时代的共性要求为基础的，是受多数人欢迎为多数人所接受的，因而体现着这一时代群体性的审美意识和情趣，其中必然也可以看到大机器工业技术美的存在与影响。

图 2—18　中国的工业设计师设计的吸尘器

造型简洁、整一，体现出大工业技术的美学风格。

技术美与功能美是密切相关的，因为技术美具有很强的功能因素，而这种功能因素不仅与功能所体现所固有的有效价值或合目的性的价值相联系，而且也与材料特征以及造物形式的感性因素相联系，功能之中浓缩着各种因素：形式是由功能决定和演化的形式，材料是为功能结构服务的，功能是结构的力，同时也是技术的力。

技术美的结构，与一般美的结构一样，是由对象的材料、形式、内容的关系所规定的，但技术美的存在方式、形式与一般美的存在方式、形式不同，技术美既是一种过程之美，又是一种综合之美，一种表现生产技术形式和结构功能的综合的美。

功能美与技术美是工艺美学中的主要内容。功能美与技术美的成立不在于自身的独立因素，而在于与其相联系相结构的一系列因素。德尼·于斯曼《工业美学及其在法国的影响》一文中，介绍了一个现代工业设计美学的"宪章"，这个所谓宪章中的若干原则法则，实际上就是与功能美、技术美相关的各个要素以及相互间的关系。工业美学是各法则和关系协调的产物。如在功能法则中认为，只有与其功能完全适应（并在技术上被认为有价值）的制成品才有工业美。设计美学涉及功能特征和外观之间的密切协调。在发展和相对性法则中指出，设计美学不显示最终的特征，它处于无尽的变化之中，因为实用产品的美是产生这种美的技术在前进和发展状态中的功能表现。任何新型技术都需要有成熟的时间，以达到能使它充分发展一种均衡而典型的审美表现力的繁荣阶段。"宪章"中还提出："艺术远非任意的或人为的，或另加在应用艺术上的装饰，对工业美学有所促进的艺术，在和技术结合并相互混同时，尤其可以被认为与样机的构思有关。"① 可见，技术美是产品之美的一个重

① 转引自《技术美学与工业设计》，第 1 辑，299 页，天津，南开大学出版社，1986。

要因素，它与其他审美的、功能的、形式的和环境的诸因素相互作用，形成一个整一的美化结构，不是各因素相加，而是综合地交织在一起，获得一种创造性的综合和浑然一体的美的价值。

第3章 现代设计

第一节　设计的职业化

现代设计与手工业时代的设计在存在方式上有一个根本的区别是设计的职业化。在手工业时代，设计往往是非职业化的，手工艺人既从事设计又从事生产制作，设计过程往往统合在生产过程与制作过程中，边设计边生产或边制作边设计，设计的过程和存在形式往往是模糊的。在大工业生产确立后，批量化的产品质量和样式都取决于生产前的设计，设计的好坏成为注定产品质量和样式的关键，设计师从这时候开始具有了独立性。

产品设计或者说工业设计作为一种正式的职业出现并得到社会的承认，其时间是在 20 世纪的二三十年代。第一次世界大战刺激了美国经济和生产的发展，并带来了新的消费热潮。在这种以大量生产适应大量消费的时代中，人们一方面以标准化、合理化来规范生产，尽量降低成本，增加销售；另一方面则意识到美的视觉形式和产品的外观设计是一种有力的促销手段，通过广告形象可以推广产品。销售的竞争，使生产商进一步意识到产品设计尤其是产品的外观设计是争取消费者的重要武器，这样，设计的概念首先被工业界所接受（图 3—1、图 3—2）。"工业设计"一词正是在这一背景下产生而且作为一种职业发展起来的。

图 3—1　美国通用汽车公司 1926 年设计的雪佛莱轿车
这是以风格变化满足市场需要的例子。

图 3—2　美国通用汽车公司 1932 年设计生产的雪佛莱轿车

1919 年，美国设计师西奈尔开设了自己的设计事务所，在事务所的信封上第一次使用了“工业设计”这一词。此后不久，在美国开始有了一批受雇于大型生产企业的驻厂设计师，如美国通用汽车公司聘用的厄尔。20 年代早期，通用汽车公司在与福特汽车公司的竞争中已意识到在质量差不多的情况下，外观将是一个非常重要的因素，于是 1925 年他们聘请厄尔作主任设计师，并于 1928 年成立了名为“艺术与色彩部”的设计部门，厄尔采用当时新型飞机、火箭的造型作为汽车车身的造型，迎合社会上对速度的欣赏需求（图 3—3、图 3—4）。这类符合大众消费心理的形式主义的外观设计使通用公司的汽车销量超过了对手，由此而确立了设计师至高的社会地位。

图 3—3　厄尔 1954 年设计的“别克炫耀武力”型轿车
流线型，并有飞机的样式特征。

图 3—4　厄尔 1955 年设计的“雪佛莱贝尔空气”轿车
此车为计划性淘汰产品，其样式设计有极强的流行性和时髦感。

当时除驻厂设计师外，自由设计师队伍的形成和壮大亦成为美国设计界的一大景观。在广告、展览、陈列甚至舞台设计方面，活跃着一大批自由设计师和设计企业。沃尔特·提格、雷蒙·罗维、诺曼·贝尔·盖茨和亨利·德雷夫斯，都是第一代自由设计师中的佼佼者。美国人认为是他们杰出的产品设计和设计才能，帮助美国经济摆脱了20年代的不景气。曾担任柯达公司主任顾问设计师的沃尔特·提格，是美国自由设计师队伍中最早的代表人物，他早年从事平面设计，1926年他前往法国等地，汲取勒·柯布西耶和格罗皮乌斯等大师的设计经验，回国后即创办了自己的设计事务所，由室内设计开始进而开展产品设计，1927开始为柯达公司设计照相机及其包装。1928年他设计的时尚型便携式相机，机身和皮腔采用镀镍金属饰条进行装饰，并设计了一个有丝绸做衬里的盒子，产品十分畅销。在此基础上，1936年他设计的小型手持式相机（图3—5）仍用金属条作装饰，这种装饰条不仅本身有很独特的装饰性美感，而且区划和减少了涂漆层的面积，解决了过去因漆层面积大而

图3—5　手持式相机（1936年）

沃尔特·提格设计，柯达公司生产。提格在照相机镜头外设计了一保护性外壳，又独具装饰性。

产生的开裂和脱落现象。这一设计实际上是以设计的美术形式解决技术问题的例子，这一成功的设计也奠定了他与柯达公司在业务上的终身联系。

在美国的第一代自由设计师中，雷蒙·罗维是重要的奠基者之一，他于 1929 年在纽约开设设计事务所。第一项设计是为吉斯特纳公司重新设计速印机，因限用 5 天时间，使他不得不以精简的方式从事原产品的改革与设计，此后一系列的产品设计，他都将外观设计与提高效率和减少清洁面积统一起来，使产品外观呈齐整的流线型。1935 年他设计的“可德斯波”牌电冰箱（图 3—6），一改传统的纪念碑式的造型，将冰箱结构全部包容于一个白色素雅的珐琅质钢板箱体内，箱门与门框平齐，冰箱内部也经过精心设计可置放各种不同的容器，还设有半自动除霜和制冰块装置。这一创新设计使其销售量猛增了近 20 倍。30 年代他还主持设计了各种汽车、火车和轮船，其样式基本上都是流线的，如 1937 年为宾夕法尼亚铁路公司设计的 K45/s-1 型机车，车头采用纺锤状造型，不但减少了三分

图 3—6　“可德斯波”牌电冰箱（1935 年）

雷蒙·罗维设计，其结构设计和形式一直影响到当代的冰箱设计。

之一的空气阻力，形态亦有一种现代的美感。可口可乐的标志和饮料瓶也是 30 年代罗维的成功之作，其飘逸流畅又浪漫典雅的字体设计至今仍令人赞赏，成为世界设计史上的经典之一（图 3—7）。

图 3—7A “可口可乐”标志

罗维设计，世界标志设计史上的经典之作。

图 3—7B 《绿色的可口可乐瓶》（油画）

A. 沃霍尔作，画面所表现的可乐瓶造型和标志均为罗维所设计。

盖茨早先从事广告，又搞戏剧舞台美术设计。后来发现社会比舞台更广阔，转而从事橱窗、展示等职业设计。他的设计常富有戏剧性，对工业产品的设计与改型常是理想主义的，有时甚至不顾公众的需要和技术上的限制去实现自己的奇想，因此，没有太多的设计投入生产，留下的实际作品很少。他的贡献更多是在理论上，他撰写的插图性著作《地平线》和《不可思议的高速公路》两本书及发表在杂志上的大量论述设计的文章，使美国公众第一次了解和接受了设计中的“现代主义”，从而奠定了他在工业设计史上的地位。设计师在一定意义而言是一位思想者，精于理论思考的盖茨也是一位思想者，在美国早期的工业设计师中他是最深刻地认识到设计师职责的设计师，他认为设计完全是一件思考性工作，而视觉形象出现于设计的最终阶段，他希冀着通过技术进步和设计从物质和美学上改善人们的生活。在《地平线》一书中，作者曾对未来的一些设计课题作了预测和描述，如飞机、轮船、汽车的预想设计，有的在几年后即得到了实现，这使他成为名噪一时的“未来学”大师。盖茨不仅在理论上，在设计实践上他为自己的设计事务所所确立的设计程序亦具有重要意义，他提出在进行产品设计时必须考虑：(1) 确定产品所要求的精确性能；(2) 研究厂家所采用的生产方法和设备；(3) 把设计计划控制在经费预算之内；(4) 向专家请教材料的使用；(5) 研究竞争对手的状况；(6) 对这一类型的现有产品进行周密的市场调查。[①] 此后再形成设计的概念、方法和蓝图。由于他的这一设计程序，尤其是对于市场的调研，使他成为一位在评价方面进行民意测验的先驱。

亨利·德雷夫斯是盖茨的助手，1929年他自己设立了工作

① 参见何人可编：《工业设计史》，240页。

图3—8 德雷夫斯1940年为贝尔公司设计的台式电话机

室。与同时代的设计师不同的是，他不追时髦，在设计中尽量避免风格上的夸张，并拒绝为那些出于挣钱目的而对产品作纯粹整容术的所谓设计业务。他的第一个成功的设计是为贝尔公司设计的300型电话机（图3—8）。作为人体工程学的创始人，德雷夫斯的著作《为人民的设计》开创了人体工程学的传统，使设计的重点从物转向人。在设计中，他主张设计不仅是外观设计，而要与工程师合作进行“从内到外”的设计。这一主张使他的产品设计具有朴实、功能性强、简洁大方的特点。如1937年他设计的组合型电话机，机身设计十分简练，只保留了必要的部件，使用十分方便。他设计的胡佛吸尘器，将原先暴露在外的电机包容于一个简洁的外壳之中，并与圆滑的吸尘罩水平连接，浑然一体；他的设计风格严谨、形式克制。

德雷夫斯设计取得成功的关键在于他不仅关注产品更关注人，他认为只有适应于人的机器才是最有效的，因此，人体工程学成了他主要的研究工作。1961年他出版了《人的度量》一书作为设计师的工具书，在书中他建立了一个适用于设计师的人机学体系（图3—9）。在他的一系列设计中如为海斯特公司设计的工程机械和为约翰·第尔公司1955 年开发设计的一系列拖拉机，都贯彻了他的人机学理想，为驾驶员的舒适、方便提供了良好的人机环境，在外形设计上亦采用清晰、平衡的几何体组合，形成高效有力的机械形象。图 3—10 是德雷夫斯为纽约中心铁路公司设计的蒸汽机车。

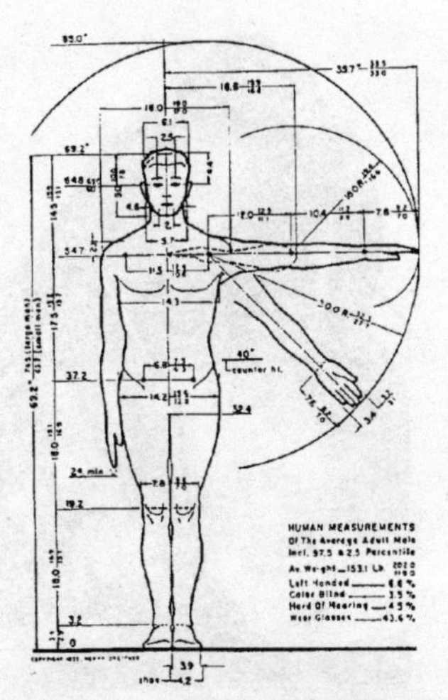

图 3—9　人类工效学是设计师关注的重要学科之一

德雷夫斯一直关注人体尺度与产品设计的关系，此图为他所研究的成年人男子人体尺度的相关数据，作于1955 年。

在欧洲，工业产品设计师的职业化模式区别于美国。美国的设计师仅是民间的职称，而英国早在三四十年代就由政府确认了工业产品设计师的社会地位与作用，并通过登记制度使其职业正规化。据资料，1938 年英国已有政府注册的设计师 425 人，其中 200 人为自由设计师，其他为驻厂设计师。德国设计师亦分为自由设计师和驻厂设计师两类，西门子公司的驻厂设计师于 1936 年设计出了 W38 型的电话机，一直沿用了 20 年之久。自由设计师中以威廉·瓦格费尔特和克尔斯汀为代表。威廉·瓦格费尔特曾在包豪斯学习和工作过，在包豪斯期间他设计了著名的镀镍钢管台灯（图 3—11）。1929 年他开始从事家具、陶瓷、玻璃等

图 3—10　赫德森蒸汽机车

德雷夫斯 1941 年设计，流线型设计，有广告的意味。

图 3—11　台灯

制品的设计，其一流的质量和独特的设计，使他的玻璃制品获得了广泛的国际声誉。在设计中，他主张设计是一项协作性工作，与艺术家的工作不同；他认为功能不是最终造物的目的，而是良好设计的先决条件。

克尔斯汀亦是德国工业产品设计的先驱者，他在设计与教学中追求将美学形式与商业、技术的诸多因素统一起来，使其设计朴实无华，如他设计的“人民收音机”一度成为德国人广泛使用的产品。

意大利设计领域中最有影响的设计师是吉奥·蓬蒂，他的设计范围涉及陶瓷、金属制品、灯具、家具及各种五金配件等，

1928 年他创办了设计杂志《多姆斯》(*Domus*) 并任主编 (图 3—12)。通过杂志他发展出了一种“真实形式”的设计概念，主张抛弃传统样式，根据功能来重新塑造形态，创造新的风格。在英国，著名设计师、英国工业设计协会主席皮克对设计的发展起了重要作用，他的杰作之一是对伦敦公交系统的整体设计，这一设计开始于他任伦敦公共运输局长期间，他对这一公交系统的建筑、标志、装修、车辆直至车票都进行了重新设计，使其系列化、色彩形象化。

图 3—12　《多姆斯》杂志

第二节　国际主义风格与现代设计

一　美国的现代产品设计

20世纪四五十年代，被称作是一个节制与重建的年代，美国和欧洲的设计主流是在包豪斯理论基础上发展起来的现代主义，这种以功能主义为核心的现代主义又被称为“国际主义”。现代主义在第二次世界大战后的发展以美国和英国为代表。现代主义设计在美英两国的设计推广、发展中曾获得“优良设计”的代称，普及到很大的领域。

在第二次世界大战之前，美国已对德国和斯堪的纳维亚国家的现代设计发生了兴趣，第二次世界大战后，随着包豪斯的领袖人物格罗皮乌斯、米斯等人的到来，把战前的欧洲现代主义传播到了美国。在这传播过程中，纽约的现代艺术博物馆起了积极的作用，它从1929年的成立之日起就积极宣传现代主义的设计，30年代后期他们直接从市场上选择功能主义的设计商品举办现代性的“实用物品”展，向公众推举经过精心设计、功能主义的，又是批量生产而且价廉物美的家用产品。30年代末，现代艺术馆成立了工业设计部，由格罗皮乌斯推荐，著名工业设计师诺伊斯任第一届主任，他和继任的考夫曼都极力推崇“优良设计”，反对商业化的流线型设计及设计中的纯商业化倾向。诺伊斯认为，在日常用品中，好的设计应表明设计师的高尚趣味和美的意识，而不应在任何物品上武断地使用装饰，设计的作品应与这些东西的真正功能相适应，看上去就像它们自己。他指出那种认为好的设计的主要目标是有利于销售的观点是错误的，销售量大并不一定证明其设计是优秀的，“销售仅仅是所有设计产品发展的一个阶段，使用才是应首先考虑的”①。在这一认识的基础上，1940 年现代艺术博物馆提出工业产品设计要适合于目的性、适应于所用的材料、适应于生产工艺、形式要服从功能等一系列新的设计美学的标准，并以此为要求组织了第二次“实用物品”展览。展览宣称这些展品都是“优良设计”的产物，使这些所谓的优良设计不仅广受欢迎，而且成为道德和美学意义上的典范。

在诺伊斯和考夫曼的策划和推动下，现代艺术博物馆在 40 年代开始举办低成本家具、灯具、染织品、娱乐设施和其他用品的设计竞赛，力求创造出一种适合于美国家庭、经济而美观的现代产品风格。40 年代的几次竞赛，促使了美国的功能主义设计的迅速发展，并有着良好的社会声誉。这种低成本产品设计竞赛所形成的“优良设计”的风格直接影响到 50 年代美国产

① 何人可编：《工业设计史》，270 页。

品设计的发展，如50年代的家具以批量生产、简洁无装饰、多功能、组合化为特点，适应着战后相对较小的生活空间的需求。

图3—13 伊姆斯和沙里宁在1941年纽约现代艺术馆举办的展览中获一等奖的多层胶合板椅

从事室内设计和家具生产的厂家米勒公司和诺尔公司，在开发新技术的基础上将现代主义的美学精神融入产品的造型设计之中，形成了有美国特色的家具系列产品。为这些公司作设计的著名设计师伊姆斯和沙里宁，毕业于密歇根州的克兰布鲁克艺术设计学院，在1941年现代艺术馆举办的“家庭陈设中的有机设计”展览中他们合作的作品获一等奖（图3—13），这是一组使用多层胶合板模压成型的椅子设计，有座椅、躺椅等不同形式，集使用功能、材料、技术和美学形式于一体。它们不同于以往出现过的椅子，而是完全新创的独特形式。诚如展览主办人所言：“一个设计，当它整体中的各部分能根据结构、材料和使用目的很和谐地组织在一起时，就可以称作是有机的。”① 有机风格的设计不是传统装饰形态的设计，

① 卢永毅等编著：《世界工业设计史》，137页，台湾，田园城市出版社，1997。

而是一种自由的理想之美的体现，是视觉上的巧妙安排与精心设计、形式上的优雅与功能上完善的和谐统一。

在四五十年代，伊姆斯作为世界级的家具设计师，设计了一系列为世人所瞩目的产品。1946 年，现代艺术馆专门为伊姆斯举办了胶合板家具设计展，使伊姆斯获得了极高的声誉。同年他创办了自己的工作室，进行一系列的新材料、新工艺的试验，设计生产各种胶合板椅。他为米勒公司设计的第一件作品是餐椅，椅子的座垫和靠背均用模压成型，以镀镍钢管为构架，还使用了减震的橡胶节点，所有构件都十分精致，双向弯曲而柔和的椅面不仅适合着人体的姿势，而且坚实美观。1955 年他还首次设计了椅面用塑料成型的可重叠椅，1956 年设计了一系列的安乐椅、转椅等现代风格的家具(图 3—14)。

图 3—14　伊姆斯设计的安乐椅
(1956 年)

沙里宁以建筑设计为主，但他在产品设计上亦表现出天才的创造性，他的家具设计在理性的功能主义盛行时期表现出一种非理性的情感化追求。他对北欧的设计极为欣赏，其家具造型常常具有一种有机的自由形式，如 1946 年设计的“胎式椅”，采用塑料模压成型，配以织物软垫，十分舒适宜人，被誉为世界上最舒适的椅子之一。1941 年他与伊姆斯合作设计的椅子系列已经表露出他的“有机风格设计”的倾向性，并构筑了其设计的良好基础。沙里宁的设计除注重现代材料和现代生产技术、工艺的运用外，其“有机设计”的表现形式，往往借用了现代艺术的语言，注重与整体环境的协调一致，致力于创造一种现代设计与艺术和环境统合的语境。1956 年他设计的“郁金香”椅（图 3—15），采用塑料和铝合金两种材料，造型设计源于“生长性”的设计意念，足作圆盘式设计，不损伤地面，在科学的人体工程学的支撑下，使椅子的舒适达到了无微不至的程度，其自由的、有机的、自然生成般的造型与优秀功能间的结合与统一，表现出了沙里宁杰出的设计才能与艺术创造性。

图 3—15　艾诺·沙里宁设计的“郁金香”椅和有大理石桌面的圆桌（1956 年）

美国设计界所崇尚的“优良设计”，是在强调功能的基础上力求形式简洁完美的设计，由现代艺术馆所推动和策划的各种设计竞赛、评比、展览，将“优良设计”的概念通过各种设计品的生产和使用为人们所接受。最先接受这种设计观念的是设计师、经济学者、社会学者等，他们认为优良设计是生活环境中最好最经济的设计（图 3—16、图 3—17）。从这一事实看，

图 3—16　“精选”打字机

诺伊斯设计，1962 年由 IBM 公司生产。这是优良的设计的经典作品，造型干净利落，功能化的风格具有独特的美感。

图 3—17　瑞恩霍德·哈克和汉斯·古格洛特于 1964 年设计的柯达投影仪

50 年代美国的这种优良设计观，蕴含着一种道德的和理想的因素，切合着知识社会阶层的道德标准。在他们看来追求时尚、有计划的商品废止制都是不道德的，其时尚的形式也是不道德的形式，只有能直接表现材质，朴素、简洁、功能化的产品设计形式才是良好的形式，设计才是优良的设计。如果使用塑料而去仿木仿皮，就是伪饰、不诚实。使用一定的材料，并本真地加以再现，这不仅是设计的需要，也是道德和社会的需要。这一认识与英国工艺美术运动有着一定的历史联系。

但这种设计观并没有为大多数人所认同，美国的商业化社会氛围，使大多数设计师的设计不得不考虑商业的因素，因此，优良设计在 50 年代并未在美国一般家庭中普及，而仅限于美国的大公司、企业、办公和公共场所等，市民阶层往往更喜爱一种有时尚意味的美学形式的设计产品；而生产者、企业家们更多地把设计作为一种行销的工具，作为刺激消费的手段。负责“优良设计”竞赛和展览的考夫曼也许早就意识到这一点，他清楚地知道，优良设计并不是设计师所能作出的最好的设计，而是在社会经济、道德和理想诸多因素的综合作用下进行的一种设计。因此，在 50 年代美国的现代主义不得不在理性的和功能的立场上有所松动，而倾向于关注艺术与美的形式层面问题。也许可以认为，“有机设计”风格即是一种变异或妥协的产物。

二　英国与德国的产品设计

英国是工业革命的发源地，又是工艺美术运动的中心，其产品设计可以说有着良好的历史基础。但到第二次世界大战前，英国依然恪守工艺美术运动的传统，现代主义设计还没有真正开展起来。第二次世界大战期间，包豪斯的一部分师生来到英国，加上英国的产品生产面临着强大的需求，这促使强调功能主义的现代设计得以很快地确立。1942 年，英国为了在设计上赶上美国，成立了设计研究所，为设计提供协作与咨询服务。在此基础上，1944 年又成立了英国工业设计协会，用各种可行的方法来改善英国的工业产品。成立后的设计协会很快就提出了“优良设计、优良企业”的口号，其优良设计的含义是指那些最大限度地利用宝贵的劳动力和原材料的设计，认为设计是质量标准的一个基本部分，首要问题是工作性能，第二是看上去是否合适。实际上，所谓“优良设计”，即功能主义的现代设计，因为优良设计必须考虑生产技术、所用的材料以及所要达到的目标，做到实用、经济、美观。

20 世纪 40 年代后期，英国已产生出了一些优秀的设计，如莫里斯牌大众型小汽车、MAS-276 型收音机等。在家具设计方面，早在第二次世界大战期间英国政府便推行标准化生产来应付木材的匮乏，并制定了充分利用材料设计宜人家具的基本原则。50年代，现代主义成为家具设计的主流，在强调功能主义设计的同时又吸收了北欧有机设计的特点，形成英国自身的当代设计风格。其代表人物是雷斯，他于1945年利用再生铝设计制造的靠背椅在1951年米兰国际工业设计展览会上获金奖。1951年他又利用钢筋和胶合板设计了著名的“安德罗普”椅，弯曲的钢条构成扶手、靠背和整个框架，轻盈而有动感，适用于室内外多种环境的要求。毕业于英国皇家艺术学院的罗宾·戴，亦是当代风格的设计师，他设计的胶合板家具采用倒V型腿曾风靡一时。

1951年为纪念“水晶宫”博览会100周年，英国举办了展示英国工业和文化成就的“英国节”，展览通过“英国节”向公众进行设计教育。由英国工业设计协会选送的展品，不少有着丰富而艳丽的色彩和装饰，与第二次世界大战前对装饰的厌恶形成反差，这类设计表明人们已开始向往欢快、轻松的生活与产品设计，并由此而形成了20世纪下半叶英国设计的特征之一。自50年代起，英国设计师的设计主导倾向由公众趣味所决定，而不是出于设计的教条理论，各种装饰和形式开始复兴，并形成了现代功能主义设计与装饰化设计两种不同的产品设计趋势。由设计机构所倡导的“优良设计”，在矛盾中发展。60年代，工业设计协会所属的设计中心引入了一系列新的关于“优良设计”的评选程序和标准，评选的作品从家用产品到工程设计，由此产生了一系列优秀设计作品（图 3—18）。

图 3—18 英国汽车公司生产的迷你型轿车（1959 年）

由 **A.** 西格尼斯设计，反映了英国五六十年代的设计面貌。

整体来看，从“英国节”开始，到 70 年代，英国的设计在传统的装饰设计风格的复兴与现代主义的功能主义风格并存的矛盾中走过了近 20 年的历程，设计界的精英和先锋派艺术家们把美国流行文化的符号，通过自己的设计和艺术实践而演绎成一种具有地方性的设计风格。变化的新的设计观与大众消费市场所指定的标准整合在一起，构成英国设计作品的内在语义和时代性的特征。

第二次世界大战后的德国，几乎是在废墟上开始国家经济的重建与复苏工作的。经过十余年的努力，迅速恢复了国家经济，甚至是创下了发展经济的奇迹。国家经济的重建和发展，有两个值得重视的原因，一是战前德国已经建立起来的有着坚实基础的设计体系和力量见图 3—19、图 3—20、图 3—21；二是德国人严谨、求实的作风与那种把生活本身都看成是一个数学问题的独有性格。

图 3—19　德国普法夫贸易公司设计制造的家用缝纫机（1932 年）

图 3—20　标准“莱卡”小型相机

1929 年由奥斯卡·巴纳克设计，设计与制造的品质精良，深受大众欢迎。

图 3—21　W38 型电话机

柏林西门子和哈尔斯克公司 1936 年设计制造，此样式一直沿用到 20 世纪 60 年代。

战后德国设计的基础，实际上首先是由德意志制造联盟实现艺术与工业结合的理想和包豪斯的机器美学所共同建构起来的，这一基础成为战后工业产品设计的基础。1947 年，为了重建德国的工业，生产更多更好更新的产品，开创新的生活方式，重新成立了在战争中被迫解散的德意志制造联盟，1951 年成立了工业设计理事会，理事会在经济恢复期的设计指导思想十分明确：创造简洁的形式，开展“优良产品的设计”，并为此制定了一套标准，强调产品设计的功能价值为第一要素，反对任何与功能无关的表现性特征，主张产品的朴实无华和整体的协调与美感（图 3—22）。这一主张不久便被 1953 年成立的乌尔姆设计学院所尊崇。

乌尔姆设计学院由英奇·肖勒和格里特·肖勒创立，他们聘请瑞士籍建筑师、画家、设计师马克斯·比尔为第一任校长和学院建筑的设计师。比尔是包豪斯的学生，他全面继承着包豪斯的设计教育理论，在教学中几乎一成不变地贯彻包豪斯的理想，强调艺术与工业的统一。他曾坦言："乌尔姆设计学院的创建者们坚信艺术是生活的最高体现，因此，他们的目标就是促进将生活本身转变成艺术品。"① 在课程设置上，学院主要开设了机械和形式两方面的课程。比尔在课程设置上主张相信和依赖个人创造性的价值，形成艺术的直觉的设计方法，以现代工业产品的人性化为设计的目的。比尔的教学主张在乌尔姆学院得到了贯彻，同时，以托马斯·马尔多纳教授为首的一部分教师则主张在教学与设计中

图 3—22　折叠椅

1953 年由埃贡·埃尔曼设计，是 20 世纪 50 年代公共场所和办公机构最畅销的椅子。

① 何人可编：《工业设计史》，301 页。

有更多的科学色彩和社会内容。马尔多纳教授1956年接替比尔成为校长，在其求学期间曾受包豪斯领导人迈耶的影响，主张设计的系统化和协同原则，以严谨的科学知识为基础，而不是以个人的艺术价值为基础。因此，马尔多纳在教学中灌注了更多的科学和社会学、人类学、心理学、符号学甚至游戏理论等方面的内容，并设置了数学、工程科学和逻辑分析等课程，以取代包豪斯式的美术训练课程，产生了一种以科学技术为基础的设计教学模式，使设计和设计教育在一个更广阔的背景下展开。其教学的目的亦从培养艺术家型的设计人才转为培养在生产领域内熟练地掌握技术、加工、市场销售以及美学技能的全面人才。这种人才是科学技术的应用者与合作者，而不是高高在上的艺术家，即如马尔多纳所希望的："一个典型的产品设计师能在现代工业文明中的各个要害部门里工作。"①

乌尔姆设计学院比包豪斯更值得自豪的是其与生产企业之间建立的互为关系。如与德国著名的电器生产商布劳恩公司的合作，使教学与设计直接服务于工业生产。1951年布劳恩兄弟继承父业经手公司时，布劳恩还是一家无名小企业。当阿图·布劳恩向设计学院求助产品设计和设计人才时，得到了学院的全力合作，公司聘用了迪特尔·拉莫斯组成了设计部，并在其

① 何人可编：《工业设计史》，302页。

教师奥蒂尔·艾彻、产品设计师汉斯·古格洛特的帮助下开展设计，他们为布劳恩公司的家用电器创造出了一系列独特的形式，在1955年“杜塞尔多夫收音机展览”上展出后，布劳恩公司的产品以简洁的造型、素雅的色彩成为令人耳目一新的优良设计，成为国际认可的完美的设计形象，并成为德国文化的代表之一（图3—23）。布劳恩公司与乌尔姆学院的合作，不仅为公司设计了大量产品，并建立了公司产品设计的基本原则：秩序的法则、和谐的法则和经济的法则。在这三项设计原则下，布劳恩公司的产品不断发展，成为世界上重要的电器生产商。

图3—23 小型收音机（1955年）

阿尔图·布劳恩等设计，布劳恩股份公司生产，前面板为打孔的金属板。

上述由拉莫斯与乌尔姆设计学院产品设计系主任汉斯·古格洛特等合作进行的设计，是一种受益于马尔多纳系统设计思想和方法的设计，系统设计方法的确立和推广是乌尔姆设计学院为设计科学的建立所作的重要贡献之一。系统设计观以系统思维为基础，目的是赋予事物以秩序化，通过对客观事物互为关系的理解，在设计中将标准化生产与多样化的选择结合，以满足不同的需求。因此，系统设计在功能连续性的基础上，产品可以组合变换，形态上趋于几何化、直角化。如1959年布恩劳公司设计的电唱与收音的一体机，是七八十年代高保真组合音响的前身。布劳恩公司的设计风格是简练、大方。设计的三项原则几乎影响到产品的每一个细部——使其成为简洁、秩序、和谐的结合，优秀的平面设计和高质量造型的结合。用拉莫斯的话说，清除生活中的混乱是一个设计师最重要最应负责的工作。

乌尔姆设计学院由于各方面的原因于1968年关闭，但其优秀的设计思想仍为今天的设计界留下了财富，他们的设计经验仍通过蒂尔·艾彻的平面设计、迪特尔·拉莫斯和汉斯·古格洛特的产品设计（图3—24），传播到世界各地，影响着当今的设计界。

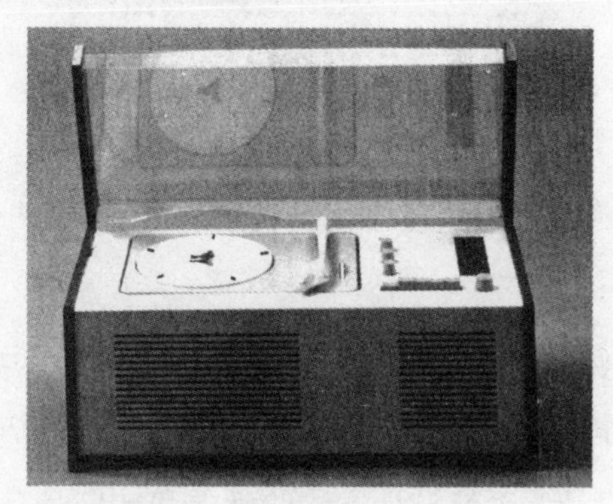

图3—24　超外差式唱机（1956年）

由汉斯·古格洛特、布劳恩和迪特尔·拉莫斯设计。

三　意大利的产品设计

与美国的设计相比，意大利的设计具有更多的文化品位。第二次世界大战后的意大利的现代设计被认为是“现代文艺复兴”，这一比喻蕴含着十分丰富的内容。意大利设计所体现出来的文化一致性，表现在所有的产品如汽车、服装、办公用品、家具等诸多设计领域，其根源在意大利悠久而丰富的艺术和文化的历史传统中，是意大利民族性格的生动体现。意大利著名设计评论家乌别托·埃科曾指出过：“如果其他国家把设计看作是一种理论的话，那么意大利的设计则是设计的哲学，或是哲学的意识形态。”① 在产品设计中，融入民族的文化理念，使整个设计建构在对人和对生活的哲学性的解释之上，并通过产品而传达出一种民族文化和哲学的意义，这是意大利设计的显著特征，也是一种设计的自觉，是设计发展到一定阶段的产物。

意大利有着悠久的设计传统，在第二次世界大战前，即有不少优秀的设计，如奥利维蒂公司的办公机器设计。奥利维蒂公司成立于 1908 年，当阿德里安诺、奥利维蒂从都灵理工学院毕业，于 1925 年从美国考察回国后，便开始了公司的一系列改革，建立了平面设计、工业设计和建筑设计三个部，在设计师

① 王受之：《世界设计史》，172 页。

尼佐里的参与和主持下，公司成了意大利的设计中心，并为意大利设计的发展做出了贡献（图 3—25、图 3—26）。第二次世界

图 3—25　维斯帕摩托车

这是二战后初年，意大利皮亚吉奥公司在简陋的条件下生产的。

图 3—26　里拉椅子

皮艾罗·博托尼于 30 年代设计，采用当时欧洲流行的钢管结构，是意大利设计的经典作品。

大战以后，意大利产品设计的发展与工业的重建密切配合，相辅相成，设计师与工业家通力合作，在汽车（图 3—27、图 3—28）、家具（图 3—29）、灯具、办公设备、家用制品等方面取得了重要成就，并培养和造就了一批世界级的设计师，他们如明星一样受到广泛的宣传和被人尊崇。其中，对意大利现代设计的发展起重要作用的是设计师吉奥·蓬蒂及其创办的设计专业杂志《多姆斯》（图 3—12），《多姆斯》是现代设计在意大利的播种机，并为理性主义设计在意大利的生成和发展奠定了基础。意大利设计的文化品质从这本设计专业杂志中可以看得很清楚，如蓬蒂在 1947 年的一期《多姆斯》中指出：我们的家庭和生活方式与我们好的生活理想和趣味完全是一回事。这并不是沉溺于哲学表达，而是战后意大利人对于如何通过产品设计的方式，将生活与艺术最佳地结合起来的思考，这种思考应该说是哲学性的。

图 3—27　西斯塔里亚豪华轿车

平尼法里纳设计，1946 年开始小批量生产。

图 3—28　菲亚特 600 型汽车的广告

二战后意大利汽车设计分为两大类型，除西斯塔里亚一类的豪华型轿车外，还有为大众设计生产的普通型轿车，如菲亚特汽车。

图 3—29　室内和家具设计

卡罗·英里诺 1944 年设计，被称为“流线型的超现实主义”，具有鲜明的特色和个性，也蕴含着意大利文化传统和强烈的前卫色彩。

第二次世界大战以后，意大利的设计如何发展，实际上面临着众多的选择，美国设计的影响几乎是无所不在，在功能主义的设计思潮和美国式商业主义设计思潮交织的状态下，意大利的产品设计基于将生活与艺术最佳地结合起来的思考，既不生搬硬套美国设计的形式和经验，也不固执于传统，而是在汲取传统精华的基础上通过借鉴，形成自己的符合时代需求的设计面貌和体系。因而，在 20 世纪 50 年代初，“意大利设计”即已成为一种有国际意义的特殊体系和风格，而拥有世界性声誉（图3—30、图3—31）。

图3—30 “字典80”型打字机

尼佐里1948年为奥利维蒂公司设计，造型优雅独特，具有雕塑感。

图3—31 尼佐里于1956年为奥利维蒂公司设计的计算器

米兰是意大利的重要工业城市，也是意大利设计中心。意大利的设计师大都毕业于建筑学院和理工学院，如米兰理工学院建筑系就培养了不少一流的产品设计师。另外，米兰的产业阶层有着开放的心态，对设计的革新和发展一直持积极的态度。从1933年起，米兰三年一度的国际工业设计展是促进米兰设计发展的另一重要因素，国际先进的设计作品在这里与意大利的设计师们进行对话与交流，同时意大利的设计文化也得以传播。

经过意大利设计师的努力，在50年代初，意大利设计已建立起了明显的风格。1953年《工业设计》杂志创刊，1956年工业设计师协会成立了，从此，有更多的设计师与厂家结合，为其设计产品，如五六十年代尼佐里为尼奇公司设计了“米里拉”

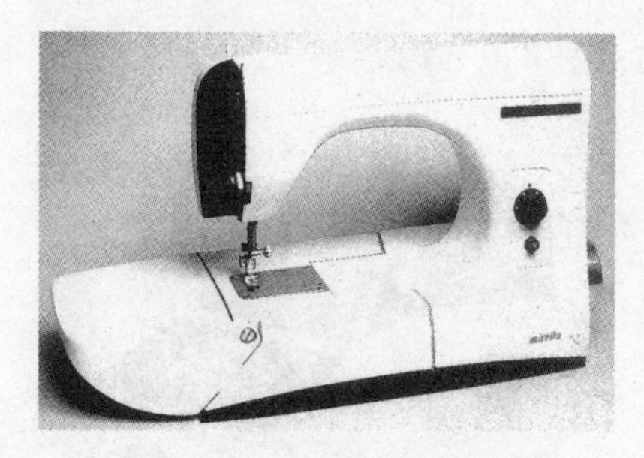

图 3—32 米里拉牌缝纫机

尼佐里为尼奇公司设计，造型上吸收了亨利·摩尔雕塑的影响，有一种雕塑风格。

牌缝纫机（图 3—32），蓬蒂为理想标准公司设计了一系列卫生洁具。在造型设计上，由于英国雕塑家亨利·摩尔雕塑风格的影响（图 3—33），50 年代意大利现代设计中出现了一种新视觉特征的设计造型风格，其产品以金属或塑料为材料，线条流畅，体型简洁，富有动感，形成一种独特的美学效果。

图 3—33 英国雕塑家亨利·摩尔的雕塑

20 世纪 60 年代，由于塑料和先进成型技术的发展，意大利设计进入了更富个性的创造时代，大量的塑料家具、灯具和消费品以轻巧灵便的设计和丰富的色彩及造型深受人们的喜爱。

如设计师柯伦波设计的可拆卸牌桌和塑料家具总成（图 3—34），是可以折叠、组合的产品，对不同的房间有不同的适应性，由此而创造了一个弹性空间。深受东方和印度哲学影响的著名设计师索特萨斯，是 60 年代以来意大利设计界的明星，出身于奥地利，曾在都灵理工学院学习建筑，50 年代末开始与著名的奥利维蒂公司长期合作，为其设计了大量的办公机器和办公家具。60 年代中期以前，他的设计风格属于严谨而正统的功能主义，从 60 年代后期开始，他开始注重人性化的设计，注重设计与环境的关系，设计风格从理性的功能主义转为有浪漫色彩的、人性化设计风格（图 3—35）。如 1969 年设计的“情人”打字机（图 3—36），一改办公器械黑白灰的传统色调，采用大红色的塑料外壳，1973 年设计的办公家具“秘书椅”（图 3—37），采用夸张的造型和艳丽清新的色彩，充满情趣。

图 3—34　夹板椅（1963 年）

设计大师吉奥·柯伦波设计，造型奇特。

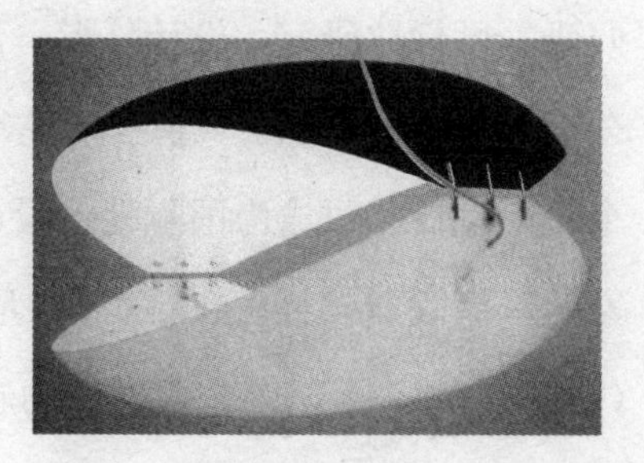

图 3—35　吊灯

设计大师艾托·索特萨斯 1958 年设计，具有雕塑特征。

图 3—36　打字机（1969 年）
索特萨斯设计，奥利维蒂公司生产。

图 3—37　秘书椅
索特萨斯 1973 年设计。

汽车设计在一定意义上能反映出一个国家的设计水平。意大利的汽车造型设计同样有着杰出的成就，其代表是由工业设计师基吉阿罗和托凡尼于 1968 年共同创建的“意大利设计公司”，他们为汽车生产厂商提供各种设计和研究服务，从市场调研、可行性研究、设计外形、制作模型到工程设计、制作样车等等，设计完成了“大众高尔夫”、菲亚特“潘达”等小汽车，使设计公司成为国际性的设计中心之一。他们还为其他国家的厂商设计产品，如为日本尼康公司设计的尼康 F3 相机（图 3—38），为尼奇公司设计的新型缝纫机等（图 3—39），使意大利设计成为世界设计界的重要力量。

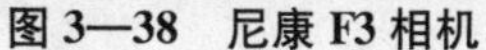
图 3—38　尼康 F3 相机

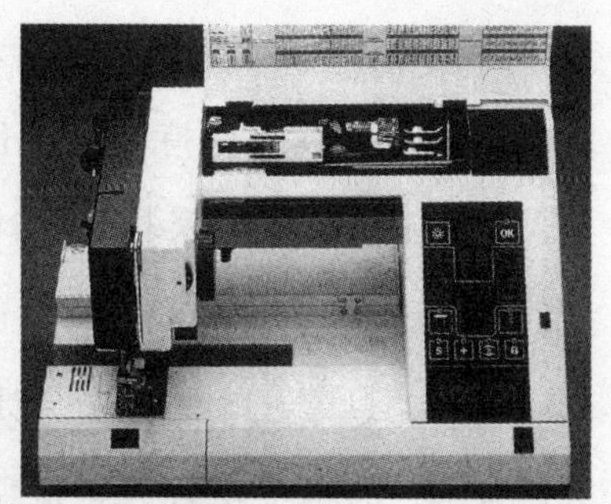
图 3—39　“逻辑”缝纫机

四　日本的产品设计

近代西方设计的概念从 19 世纪末期开始传入日本，西方设计界的代表人物如英国设计师德莱赛和奥地利维也纳学派创始人瓦格纳等都先后到过日本，将西方设计思想带入日本，由此开始了东西方设计的交流与合作。日本经济在第二次世界大战以后开始进入一个较高的增长期。第二次世界大战之前，日本的工业和工业产品设计都比较落后，大多数产品直接模仿欧美，没有自身的特色。在包豪斯时期，日本因与德国有较好的关系，有些日本人在德国学习后，将包豪斯的思想和教育体系带到了日本，但收效甚微。日本工业产品设计的起步与发展是在第二次世界大战以后，历经了恢复期、成长期和发展期三个阶段，随着日本经济进入世界强国之列，工业设计也取得了令世人瞩目的成就，成为设计大国。

日本设计的特色和趋向表现在两方面：一是注重手工艺传统的继承与发展，保持和发扬民族特色，使日本传统的陶瓷、漆器、金工、染织、家具等设计在现代社会条件下，更具有浓厚的日本文化的味道。二是批量生产的高技术产品如照相机、高保真音响、摩托车、汽车、计算机等产品，其设计与制造既有传统工艺的精工精致，又是高技术的集中体现，日本的设计实际上走着两者结合与平衡发展的道路。

第二次世界大战后，日本作为战败国，政府的首要目标是重建国家经济和工业体系。在美国及盟军的保护下，日本进行了社会、政治、经济等方面的一系列改革，成功的改革成为经济复兴的基础，一代新的具有西方现代思想和知识的人成为企业家和生产管理者，随着工业的恢复和发展，工业设计成为突出的问题之一。1947年日本举办了“美国生活文化展”，介绍美国生活文化和生活方式，同时对美国产品的设计给予了介绍和关注，此后举办了一系列相关的展览，如1948年的“美国设计大展”、1949年的“产业意匠展”和1951年的“设计与技术展”等，这些展览给新一代设计师以极大的启发。这一时期，一些设计院校也相继成立，开始培养设计人才，到50年代末期，日本已有6所工业设计的高等教育院校。

在整个50年代，美国的工业技术、设计技术、产品和商业管理，不仅成为日本人追慕的对象（图3—40），而且对日本的经济发展具有重大促进作用。为发展设计，著名设计师雷蒙德·罗维应日本政府邀请、受美国政府派遣到日本讲授工业设计，亲自为日本设计师示范工业设计的程序与方法，在此期间还为日本设计了一个香烟包装，这一成功的平面设计和一系列讲学活动，使日本的工业设计发生了重大转折。1952年，日本工业设计协会成立，并举办了第一次日本工业设计展。

图3—40　丰田汽车公司设计生产的SF型轿车（1951年）
车型基本上仿欧美汽车样式。

1953年至1960年是日本经济的成长期，到1960年日本电视机产量已达357万台，占世界第二位，摩托车149万辆（图3—41、图3—42），占世界第一位，家用电器开始普及。这一切都对日本的工业设计提出了新的要求，成为一种巨大的促进力量。自50年代中期开始，日本出口贸易组织每年选派五六名学生出国学习工业设计，大多数学生前往美国，还有的去德国和意大利，日本政府还邀请世界著名设计师前来讲学授课。1957年起，日本各大百货公司在日本工业设计协会的帮助下，设立优秀设计之角，推出优秀设计产品，向市民普及设计知识。日本政府在同年也设立了“G”标志奖，奖励设计优秀的产品。1958年日本通产省设立工业设计课，主管工业设计并建立了出口产品的设计标准法规。

图 3—41　钻石自由牌摩托车
日本铃木公司 1953 年设计生产。

图 3—42　本田摩托车
本田公司 1958 年设计生产。

50 年代，日本的一些大型生产企业开始将设计当作公司产品进一步开拓市场、促进生产发展的重要因素。建于 1918 年的松下电器公司总经理松下幸之助于 1951 年访问美国后，首先在公司内设立了工业设计部，1953 年佳能照相机公司也仿效建立工业设计部，不久设计部便成功地设计出了佳能 V 型相机。不长的时间内，东芝、夏普、索尼等大公司都先后设立了工业设计部。索尼公司一向以设计而著称于世，1954 年公司任命了第一任全日制专职设计师，1961 年时成立了设计部，设计部成立后，便致力于创设一个始终不渝的设计形象，作为开拓市场、创造市场的有力工具。索尼公司的设计理念是通过设计与技术、科研的结合，用全新的产品来创造市场，引导消费，而不是被动地适应市场。1950 年索尼生产出了第一台日本录音机，1952 年第一台民用录音机投放市场。1954 年取得贝尔电话实验室发明的晶体管生产执照后，于 1955 年生产了日本第一台晶体管收音机，1958 年即设计生产出可放在衣袋中的袖珍收音机，1959 年索尼又设计生产出世界上第一台全半导体电视机。索尼经过努力，真正形成了自己的设计风格和独特的产品视觉形象（图 3—43、图 3—44、图 3—45）。

图 3—43　索尼公司 1970 年设计生产的 ICF－111 型收音机

图 3—44　索尼公司 1980 年设计生产的 CT 型录音机

图 3—45　索尼公司 1981 年开发设计的组合式电视系统

当然，对于日本设计的存在与成就有着许多值得总结的东西，“日本设计”有着十分鲜明的日本文化特征。在产品设计与制造上，日本设计师很好地处理了传统与现代的关系，往往是“双管齐下”，实行所谓的“双轨制”，一方面继承传统，发扬具有日本民族文化特色的产品及设计，在诸如服饰、家具、室内设计、陶艺、金工等领域保持传统特色，设计出比传统产品更优秀、更精致、日本风格特征更强烈的产品；一方面利用现代科学技术特别是高科技进行新产品的创新设计，这种设计在形态上似乎与传统没有什么联系，但不难发现日本的传统工艺精神和设计意念仍起着重要的作用，如产品的小型化、多功能以及精工精致等等（图3—46），都可以明显地看到一以贯之的那种

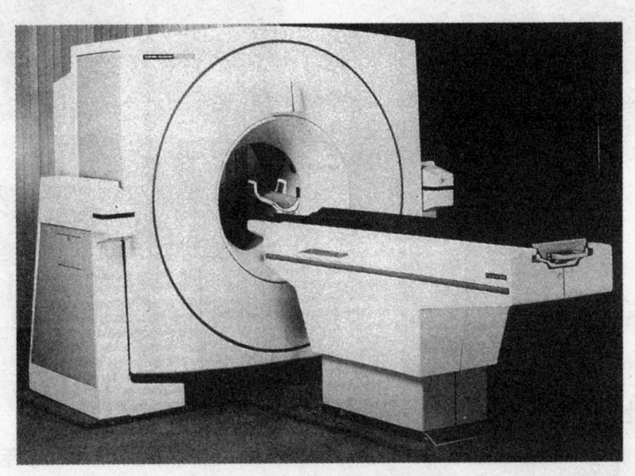

图3—46　光电扫描设备

日本东芝公司1983年设计生产，获JIDPO的“好设计奖”。

工艺态度和精神。在上述这种双轨制的设计总体思路下，设计师以传统设计为基点，以现代科技为武器，使传统的设计文化在现代社会取得了很大的进步和发展，使整个日本的产品设计走在了世界的前列。

第三节　多元化的设计浪潮

一　新设计观与多元化设计

设计本来是因生活需要而产生、为生活需要而设计的。生活因时代、因地域、因人而不同，设计自然也不可能千篇一律，一个模式。20 世纪 60 年代，当现代主义设计登峰造极之时，不同的设计取向、不同的设计需求已开始勃发和涌动了。

现代主义设计的理论基础是建筑师沙利文的“形式追随功能”和米斯·凡·德罗的“少即是多”，它适合了二三十年代经济发展及大战后重建的需要，同时，它又是机器工业文明中理性主义的产物。在 60 年代，西方一些国家相继进入所谓的“丰裕型社会”后，现代主义设计的一些弊端逐渐显露出来，功能主义从 50 年代末期的被质疑发展到了严重的减退和危机。人们再也不能满足功能所带来的有限价值和益处，而希求更美更富装饰性的设计物品，这一需求实际上是商业化的消费文明的需求，它与大众消费的兴起相联系，并由此而催生了一个设计多元化时代的到来。

产品设计在一定意义上是消费市场的产物。第二次世界大战后，欧洲国家在美国的经济援助下，大力开展经济重建和国家政权的恢复工作，美国的经济援助既有资金的方式，又有产品输出的方式，欧洲国家包括日本在接受美国经济援助时，同时接受了美国的设计产品和文化，当40年代在美国普及的汽车、电冰箱、洗衣机、洗碗机、吸尘器、食物搅拌机等在50年代的欧洲、日本开始普及后，很快便形成了一个新的消费市场和文明。进入60年代，随着丰裕社会的到来，大众消费文化在不知不觉中，改变和影响了原有的设计方式乃至生活方式，使欧洲的设计处在了消费社会的文化环境之中。消费社会有着不同于战前和战后重建时期的价值观，尤其是那些战后出生、在60年代已成青年的一代新人，他们组成了新的庞大的消费群体，推崇和向往富裕的生活方式，追求新奇、刺激和短暂，热衷于购买作为新生活方式象征的时髦产品和消费品。他们不求产品的坚实耐用而追求新奇，乐于使用廉价、新奇、易购的产品。这一代人强调个性，强调自我，有着开放而乐观的心境，他们以自己的实际行动拉开了与上一代人的距离，而同时构成了对传统的挑战。

在这一多元化的时代中，设计同样面临着挑战，随着现代主义设计大师的去世，四五十年代代表高雅文化的理性主义设计即功能主义设计观遭到了来自多方面的反叛，以先锋艺术为代表的现代艺术观冲击和否定着正统的设计思想，形成了一个以波普设计、激进主义设计、手工艺设计等设计思潮为主的反设计潮流。他们认为，正统的现代主义设计观过于关注工业机器的深层逻辑，注重设计创造性在生产上实现的可能性，强调的是工业生产中产品生产的理性化，优良设计作为高雅文化的产物实质上排斥了社会文化发展和存在的多元化原则及可能。

作为高雅文化代表的优良设计虽然没有真正得到普及和被全社会接受，但在四五十年代，它是设计的主流。作为潜流的商业化设计虽“俗”，却存在着一定的生命力，在相当大的层面上存在着。到60年代中期后，这种商业化的设计已跃出水面成为多元化设计潮流中的重要一支了。英国著名设计批评家贝汉姆曾认为，50年代商业性的设计比包豪斯的教条更适合于汽车设计。50年代的美国汽车设计曾出现过商业化的设计倾向，以其庞大的体型，华美的装饰和三度空间感来展示新的技术成就，并赋予了一种时代流行的象征意义。他认为，在设计中要求那些使用寿命短暂的产品体现出永恒的质量和价值是错误的，面对高速发展变化的技术，需要的不是永恒的美而是转瞬即逝的美。商业化设计中的时髦即是一种转瞬即逝的美。一些坚持优良设计的人在60年代的变化中也开始意识到“优良设计”原则的局限性，发现依赖于一个永恒的价值观从事设计是不可能真正符合社会需要的，产品设计要在特定时间内为特定的目的而设计才有生命力。设计观念的变革，为多元化设计的形成与发展奠定了基础。

在 60 年代开始的多元化设计中，引人注目的一个重要设计思潮是理性主义的“无名性”设计。“无名性”设计以设计科学为基础，强调设计是一项系统工程，是集体性的协同工作，通过设计过程中的理性分析，尽量减少个人风格的影响，实现一个“无名性”的设计理念（图 3—47）。

图 3—47　SX-70 型相机
日本潘太克斯相机公司 1972 年设计生产。

从本质上看，这一理性主义设计仍是现代主义设计思潮的某种延续，但不同的是，现代主义设计主张艺术与科学的结合，而“无名性”设计便是在这一基础上更进一步地将设计确认为一种科学的和系统的知识体系，用设计科学来指导设计，减少设计中的主观意识。作为科学的知识体系，它广泛涉及心理学、生理学、人类工效学、医学、工业工程等各个方面，对科学技术和对人的关注进入了一个更加自觉的局面。

这一变化，也可以说是现代科学技术发展的结果，现代科学技术的迅速发展和日益复杂化、高科技化、专业化，要求系统和多方面的协同，产品的设计与生产也是这样。如现代汽车的设计与生产，它需要各个专业设计师的共同协作，才能最终取得成果。在现代科学高度复杂的情况下，由设计师一人完成全部设计的可能性和范围已越来越小，设计师队伍也已经成为多学科专家组成的联合部队，这就要求设计师有一种通力合作的意识。

从国际大型公司的设计队伍的组成来看，也具有这样的特点，其设计按一定的程序以集体合作的形式完成，个人的风格在协同之中往往被整合成一种集体的或整体的风格。另一方面，设计的发展与企业的经营战略密切相关，大型企业的长期市场战略，需要自己的产品形成一致的系统形象，体现一贯的特色，如奔驰汽车等产品的设计即是如此。世界著名的大型公司如飞利浦公司、索尼公司、布劳恩公司等，为保持产品的一贯特色和形象，都将理性化的“无名性”设计作为基本的设计策略，形成大批量的生产规模。“无名性”设计的推广，使产品产生了许多简洁而功能良好的形式，如电视机、音响、电话等家用电器的设计形式所表明的那样（图 3—48)。“无名性”设计是现代

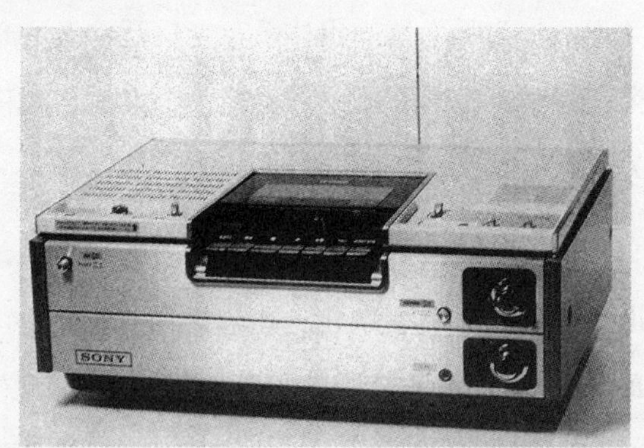

图 3—48　索尼公司 1975 年设计生产的卡带式录像机

主义设计的一个新发展，设计界将这种设计称作新现代主义。“无名性”设计所注重的是设计的科学化与协同性，在60年代，设计科学化的表现最典型的是人类工效学的推广与普及。人类工效学，又称作人体工程学、人机工程学、人间工学等，这是一门以心理学、生理学、解剖学、人体测量学等学科为基础，研究如何使人与机器、与环境系统相协调，使设计的产品符合人的身体结构和心理结构的特点，以实现人、机、环境之间的最优化匹配，使处于不同状态、不同条件下的人能安全、有效、健康、舒适地进行工作和生活的科学。宗旨是研究人与人造产品之间的关系，通过对人—机—环境系统的科学分析与研究，寻找最佳的人—机—环境间协调关系，使产品设计建立在这一科学的基础上（图3—49）。

作为一门学科，人类工效学从第二次世界大战以后开始发展起来，在20世纪60年代后进入发展的成熟期。从人类工效学研究的基本问题——人与工具或用具的关系而言，其存在如同人类制造工具一样古老。石器时代工具的制造者将砍砸器和手斧的把握部分处理成圆形的设计，实际上就是出于这一考虑。从石器时代开始，人类就一直在努力，探求合理解决人与工具、用具间的关系问题；而作为科学研究的对象，成为一门学科的人类工效学，其历史可以说开始于20世纪初。从发展来看，人类工效学经历了以下几个阶段：

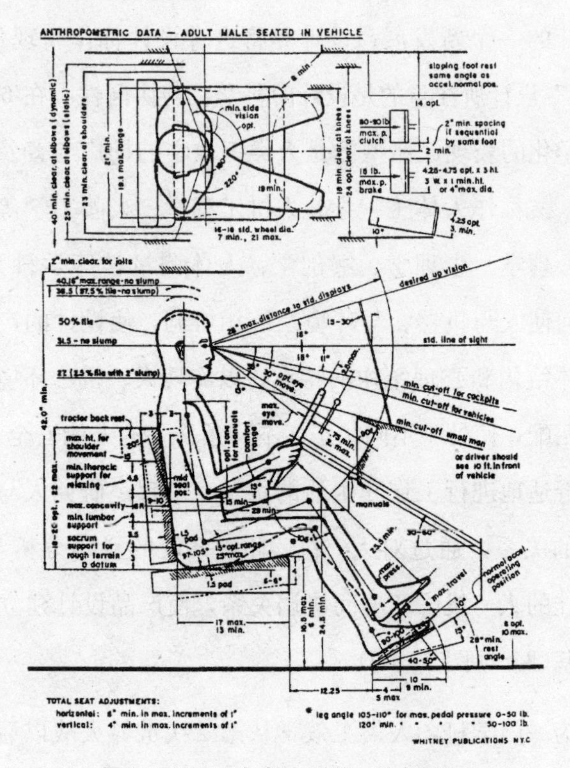

图 3—49　《人类的尺度》丛书插图

美国学者尼尔斯·迪福里恩在亨利·德雷夫斯研究的基础上出版了《人类的尺度》丛书，为工业产品设计提供了标准。

一是从19世纪末至第一次世界大战之间的萌芽期。美国人泰勒于19世纪80年代前后在伯利恒钢铁公司进行了铁铲工具的制作特点与工作效率关系的研究，他改进铁铲，使工人的劳动效率成倍提高，这种关于手工操作工具设计与人操作绩效关系的研究成为人类工效学发展史上的第一个里程碑。20世纪初叶，德国心理学家闵斯脱泼格在生产实践中倡导运用心理学，并运用心理学方法选拔和训练工人和改善劳动条件，其专著《心理学与工业效率》成为人类工效学史上的重要经典文献。

第二阶段是第一次世界大战后至第二次世界大战，这是人类工效学的初兴阶段，因为第一次世界大战时，工厂需要大量妇女从事工作，而且须加班加点，工人发生疲劳现象，为对付此类问题，英国成立了疲劳研究所，研究疲劳现象和对策；美国为了合理使用兵源，动员心理学家和其他工作者，对几百万人进行了智力测验，以对兵源提出更高的素质要求。战争中新装备的使用，需要士兵更好地适应机械装备的要求，这在一定程度上改善了人机匹配关系，使效率有所提高。此后，许多国家、机构相继成立工业心理学研究机构，如英国在伦敦成立了国家工业心理学研究所，苏联也成立了中央劳动研究所。

第三阶段从第二次世界大战至 60 年代，这是人类工效学的成熟时期。第二次世界大战使人类工效学发生了一个重大转折，从过去的研究人适应机器转向机器适应人的研究。战后，美国出现了工程心理学和人机工程学，研究领域也不断扩大，除心理学家外还有医学、生理学、人体测量学及工程技术方面的专家学者参与人类工效学的研究，其他工业化国家如法国、德国、日本、苏联也都对人机系统设计中的人的因素开展研究，1959 年成立了国际人类工效学联合会，以加强交流，这是本学科成熟的标志之一。在这一时期，人类工效学的研究主要是人机界面的匹配研究，即显示器与控制器设计中人的因素研究。

20 世纪 70 年代以来，人类工效学的研究进入了一个新的发展时期，其发展有两大趋势，一是研究领域越来越大，渗透到人生活的各个领域，有关人的衣、食、住、行、用的各种设施，用具的科学化、合理化都被纳入了研究范围，产品设计中的人类工效学的贡献更是十分明显。现在，已形成了各专业方向的工效学，如交通工效学、农业工效学、林业工效学、航空工效学、建筑工效学、服装工效学、管理工效学、工作环境工效学等等。发展的另一趋向是在高科技领域的应用与发展。电脑及微电子学的发展，使人的工作及环境、方式都发生了很大变化，人机信息交往已发展为人机对话的形式，过去由人操作的机器现在实现了自动化，人只起一种监控作用，做的事情少，但责任大，人类工效学面临着新的挑战和发展。

从产品设计的角度而言，人类工效学的研究关系到产品质量、功能的好坏。如直接关系的工程人体测量、人机界面研究、视听觉研究；间接关系的感觉系统、神经系统研究、肌肉骨骼系统与供能系统研究等等；有的研究本身可以说就是设计科学研究的一部分，如工作空间的尺度研究（图 3—50）、工作面设计、坐姿与座位设计等等（图 3—51），都直接涉及具体化的设计。世界上一些著名的设计作品都与工效学研究的成果联系在一起，如航空椅的设计、汽车（图 3—52）或飞机内部空间的设计、服装鞋帽、家具、办公用品的设计，无一不得益于人类工效学的发展与进步。

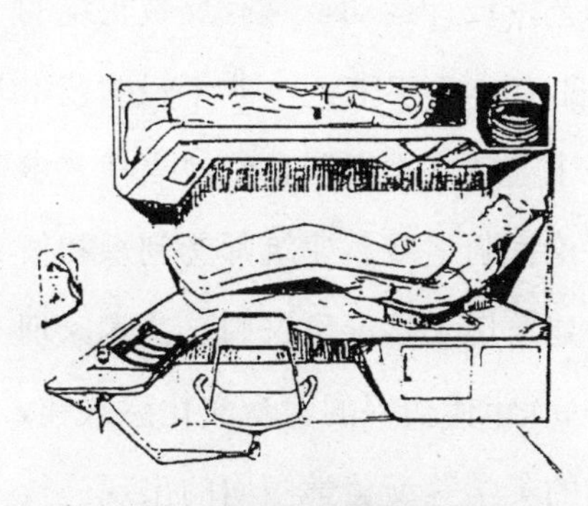

图 3—50　美国设计师罗维按照人体工程学的要求所作的太空站的室内设计

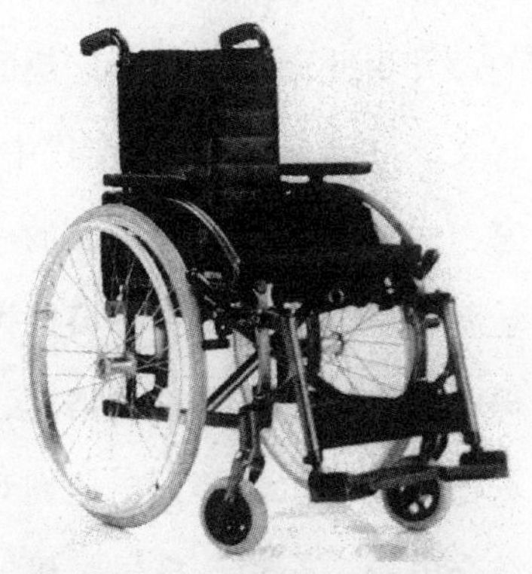

图 3—51　英国设计师设计的动力轮椅充分考虑到使用者的需要

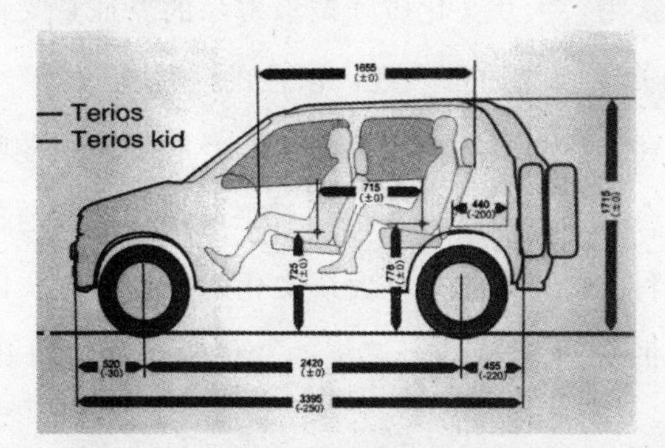

图 3—52　运用人类工效学对汽车内部空间的设计，更加注意人体的适应性，力求舒适而美观

二　艺术的波普与波普的设计

20 世纪 60 年代的设计风格，最有代表性的描述词汇是所

谓的“波普”（POP）。波普一词来自英语的“大众化”，在这种设计风格形成的初期，波普确实是建立在大众文化的基础上的，并由此而形成一个广泛的艺术设计运动，具有反叛正统的意义。波普诞生在50年代中期，1952年末，一群年轻的艺术家、设计师、评论家组成的一个“独立小组”在伦敦当代艺术学院召开会议，其中有英国评论家阿洛威、建筑师艾利森和彼得·史密森、雕塑家包洛克、建筑历史学家班汉姆、艺术家理查德·汉密尔顿等人。他们对50年代初兴的大众文化感兴趣，结合电影、小说、广告、机器的美学等反美学倾向的出现进行分析讨论，尤其对美国大众文化的发展进行了分析。通过分析，他们认为，大众文化应强调消费品的象征意义而不是其形式上和美学上的质量表现，以往的“优良设计”的概念，过于清高和注重自我，而应根据消费者的爱好和趣味进行设计，以适合大众的需求。在他们看来，消费产品与广告、通俗小说和科幻电影一样，是大众文化的组成部分，因此应该使用同样的标准来衡量，正统的“优良设计”准则是不适宜的。

独立小组成员，艺术批评家劳伦斯·艾罗威第一个使用了波普艺术（POP Art）这个词，他认为：“由于宣传工具被社会接受，使我们对文化的概念发生了变化。文化这个词不再是最高级的人工制品和历史名人的最高贵的思想专用的了，人们需要更广泛地用它来描述‘社会在干什么’。”① 波普艺术家和设计师们倾向于大众文化和传播媒介，他们的设计和创作，表现的是他们所观察和发现到的生活世界，那些身边的日益增多的物品和形象，并通过表现而反映其存在。其讨论分析的结果，不久便反映在各自的作品之中。1956年，他们在伦敦举办了一个名为“这就是明天”的先锋艺术展，其中最具冲击力的作品是汉密尔顿 1956 年作的一幅拼贴画《到底是什么使得今日的家庭如此不同，如此具有魅力?》（图 3—53），这一作品表现了一个现代公寓中的景象，主要人物是裸体女主人和他的配偶——一个强壮的男子汉；公寓中使用大量的大众文化产品来作装饰，如电视、带式录音机、连环画、图书封面、招贴、网球拍、美国家具、福特徽章和真空吸尘器广告，透过窗户还能看到一个电影屏幕，正放映着电影《爵士歌手》中的特写镜

图 3—53　汉密尔顿 1956 年作拼贴画《到底是什么使得今日的家庭如此不同，如此具有魅力?》

① ［美］罗伯特·休斯：《新艺术的震撼》，301 页，上海，上海人民美术出版社，1989。

头。从这拼贴画中可以看出，波普所表现的正是青年人所关心的一切。如稀奇古怪的家具、电器、迷你裙、流行音乐会等，实际上是美国大众消费文化的集中展示，也是波普艺术形象的主要来源。汉密尔顿曾毫不夸张地叙述了波普的特征，是“通俗的、短暂的、可消费的、便宜的、大批生产的、年轻的、机智诙谐的、性感的、诡秘狡诈的、有刺激性和冒险性的大生意……”① 从这表述来看，波普艺术设计本质上是与现代主义设计相背离的，所针对的是自包豪斯以来的现代主义设计传统，即优良设计的传统。英国“独立小组”的艺术设计行动、言论与正统的英国工业设计协会的主张不同，他们心仪的是美国式的大众消费文化，这种消费文化以对物质产品的崇拜和需求为特点。因此，他们主张的是将现代主义中的机器美学与美国的大众消费模式下的样式主义设计进行综合，形成所谓的“波普设计”。

英国波普设计的主力是一些思想敏锐、具有反叛精神和艺术个性、勇于创新的设计师和从专业院校毕业的学生。波普设计的基本特点是，以社会生活中最大众化最普遍的形象如日常用品、绘画、报贴、广告等作为表现或象征的主题，以夸张、变形、组合的诸多手法运用到设计之中，形成设计产品的喜剧

① ［美］罗伯特·休斯：《新艺术的震撼》，303页。

性、浪漫性效果（图3—54），其装饰以象征性的图案为主，重视视觉的平面化，色彩艳俗强烈（图3—55）。如1964年由设计

图3—54 意大利“工作室65”设计的“椅子”

造型选取爱奥尼克柱式，由古弗拉蒙公司采用模压发泡成型技术制造。

图3—55 波普艺术家在伦敦的一栋维多利亚式建筑外壁上绘制的“波普”式彩色图案

师穆多什设计的一种用后即弃的儿童椅（图3—56），由纸板折叠而成，纸板上饰以大小位置无序的字母，造型和构思极为奇特，成为波普设计的典型。设计师克拉克在1964年设计了一系列以英联邦米字旗为装饰的波普消费品，如钟、杯盘、手套、小装饰物件等，这些消费品都是时髦的样式，有明显的暂时性和幽默感，克拉克的这种设计后来成为伦敦摇滚乐队的标志

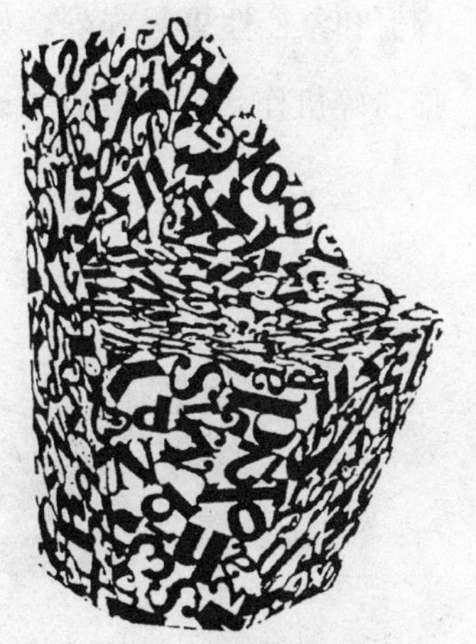

图3—56 1964年英国设计师穆多什用纸板设计的“用后即弃”的儿童椅

图 3—57 英国包装中的波普设计

（图 3—57）。60 年代末，英国波普越来越形式化，琼斯 1969 年以写实而逼真的女人体作支撑背负玻璃桌面的形式设计了一张桌子（图 3—58），另一张椅子也用相同构思进行设计（图 3—59），使波普设计中的形式主义几乎走到了极点。

波普艺术设计思潮在发生初期即与美国的大众消费文化有着千丝万缕的联系，美国的大众文化可以说是波普艺术最适宜生根的土壤。60 年代中期，美国的波普设计已进入市场领域，调侃和象征性更趋强烈，如以米老鼠形象设计的电话机，以咖啡粉碎机作台灯座，以牛奶罐作伞柄，以鞋匠铺的工作凳作咖

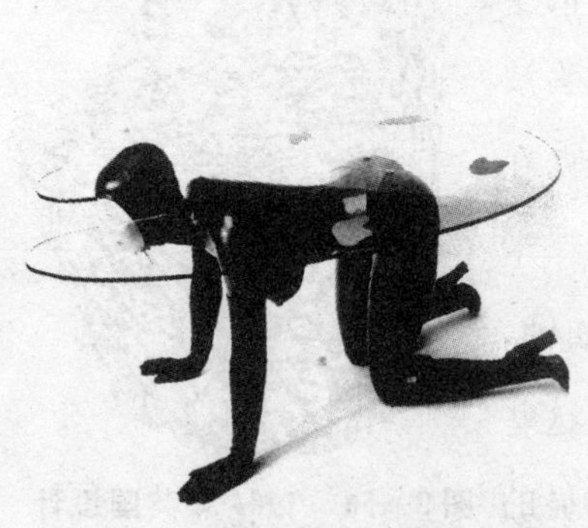

图 3—58 英国设计家艾伦·琼斯 1969 年设计的“雕塑桌”

图 3—59 艾伦·琼斯 1969 年设计的椅子，采用皮革和玻璃纤维材料制作

啡桌之类的设计，设计者把一些风马牛不相及的物品组合在一起，创造一种不和谐且令人啼笑皆非的波普形象，给人一种全新的感受和视觉冲击。这些设计者主要是美国东海岸专业院校的青年学生。1966年，耶鲁大学一学生按照波普艺术的创作思路，为自己设计了一个全新形象的室内空间，床头的墙面是一幅巨大的彩色招贴，是以德国大众汽车为主题的平面设计，家具陈设以现成品构成，如床头柜是两个古典柱式的柱头。在这新颖的空间中，华丽的色彩、巨大的影像，似家具又非家具的柱头，一切都显得涨目不协调而趋于喧闹，但又形成一种气氛，这就是典型波普的艺术氛围。

意大利的设计既有自己的传统，对新的设计思潮又极为敏感。60年代，波普设计思潮在意大利的影响是以反主流设计的面目出现的。50年代后期，意大利的设计主流日益倾向于服务上层阶级，产品设计豪华、高贵，有很强的文化品位。这种趋于高雅的文化品位的设计其对象不是一般的大众，更不是60年代形成的新的青年一代的消费群体。在英美波普设计思潮影响下，一些先锋派设计师开始将自己的视点移向大众消费阶层，以反主流设计的激进面貌，在优良设计、技术风格的设计思路之外，另辟蹊径。1969年意大利扎诺塔家具公司推出了由激进的设计师加提、包里尼和提奥多罗组成的设计小组设计的波普风格的“袋椅”，这种椅子没有传统椅子的结构，而主要是一个

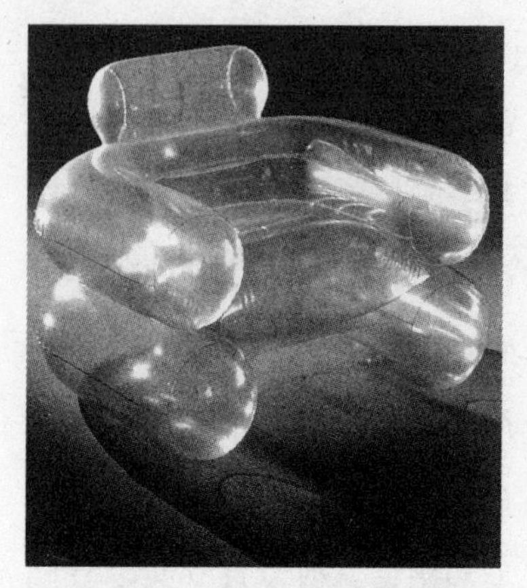
图 3—60　意大利设计师罗马兹等人设计的吹气沙发

内装有弹性塑料小球的大口袋，在美国称这种袋椅为“豆袋”，曾风行一时。激进设计师罗马兹等人设计的吹气沙发（图 3—60），犹如一个吹了气的沙发形气球，采用透明和半透明塑料薄膜制成。吹气沙发有沙发的造型，也有沙发的功能，但由于其材料和制作工艺的特殊，与人日常生活经验中的沙发相距太远，给人的震撼很强烈。这类违反常规的设计受到青年一代消费者的欢迎，而大行其道。罗马兹还以棒球手套的造型设计了一个取名为“裘”的大沙发，这是以美国棒球明星裘·迪玛吉奥的名字作象征而命名的。

波普设计以反主流设计、反正统设计的面貌出现，以适合大众消费文化为目的。但实际上，他们的这类作品在观念上的广泛影响外，实际生产和销售的产品有限，如同主流型的精英设计一样，服务和接受的对象只是少数人。产品的设计、生产有着庞大的系统和运作机制，但为人所注目、为评论家所关注的仅是那些开风气之先的东西，而不是普及的为大众所接受又毫无影响的产品。这与当代中国的产品设计和市场状况一样。以家具为例，国外进口的古典式和正统主流型的功能家具是以极少数有购买力、文化品位较高的人为对象的；国外的激进型家具设计和我国专业院校青年师生自己设计的前卫型家具往往是观赏之物，适用性很小；我们一是缺少与之相应的物态环境，二是在使用观念上我们还没有达到可以将其融入自己生活的程度，在观念上有一种排异反映。为大多数人所认可所使用的家具是那些无名企业，甚至是个体生产者生产的普通型家具，其样式既有传统的特征，又有新设计的影响，其实质是折中的、综合的，以功能性为主，有适量的装饰造型成分，并考虑到市场价格和普遍接受的可能性。西方也是如此，只不过在前卫和审美的趣味上有所不同。

三　20世纪60年代以来美国和日本的多元化设计

进入60年代，美国这个一向走在世界设计最前列的设计大国，其设计可谓百花纷呈、多姿多彩。从整体上看，美国近一个世纪来的设计基本上是沿着两个方向发展，一是国际主义的现代主义设计，这是由大企业的设计所代表并居主流地位的；一是商业化的设计和独立设计事务所的发展。

在60年代，美国的设计主流依然是国际主义风格和现代主义的。50年代，美国的现代主义设计在建筑等领域已具有世界性声誉，并影响着全世界的高层建筑、企业室内设计、家具、公共设施设计、标志设计、公共空间设计等诸多方面。与其他发达国家的设计师主要是驻厂设计师不同的是，美国的设计师是以设计事务所为主体的。60 年代以后，众多的设计事务所不仅从事建筑、室内设计和产品设计，亦开始为大企业进行标志和企业形象的整体设计。在家具和室内产品的设计生产中久负盛名的诺尔公司和米勒公司，在 60 年代以后仍然保持着优良设计的品格，并作为新现代主义设计的代表对新现代主义设计的发展起到了关键作用。诺尔公司在 60 年代进一步扩大了经营范围，设立了国际性的展示厅，成了世界上最大、最著名的“现代主义”家具的设计、制造与零售商（图 3—61）。

图 3—61　压模教学椅

美国著名设计师查尔斯·依姆斯设计，美国诺尔公司生产，在世界范围内流行。

在商业化的设计方面，60 年代中期，受波普设计思潮的影响，出现了复古设计思潮，如类似“新艺术”运动的平面设计风格，这种设计大量采用 20 世纪初叶新艺术运动平面设计中的装饰形式，广泛运用在纺织品和各种平面设计上，并成为 60 年代末期“嬉皮士”运动的风格。

60 年代以后，全世界发展最快、成就最杰出的是日本的现代设计。

60 年代，日本由于经济的迅速发展，而成为世界经济大国之一，日本社会也进入了一个丰裕型的发展期。早在 1955 年，日本已经宣布进入家庭电器化时代。1963 年，日本政府为了使日本迅速成为先进的工业大国，制定了新的经济发展规划，发表了《成为先进国的道路》的白皮书，对整个国民经济的发展作了整体安排。日本的电子、造船、汽车、化纤、机械制造等工业得到了优先发展。通过鼓励出口、刺激生产，日本进入了经济飞速发展的阶段。至 1968 年，日本的国民生产总值已达到世界一流水平，国民收入也达到世界最发达国家的水平，消费进入一个新的层面，迈入了富裕社会阶段。在这种情况下，日本的设计可以说更充满了活力，肩负了更大的责任。日本设计界也更加努力地拓展设计、发展设计。1960 年，日本主办了世界设计会议，成为日本以更积极的姿态力争成为设计大国的开端，随后在东京建立了“日本设计中心”，在大阪设立了“大阪设计中心”。

1961 年，日本工业设计协会参加了在威尼斯举办的世界工业设计联合会议，接着在日本举办机械工业设计讲习会，推动发展中的日本机械工业在产品造型、外观上的改革，并开始在日本设计界提倡和推广新兴的设计学科——人类工效学。1962 年，日本为工业设计协会成立十周年与国际设计会议联合举办了工业设计专题讨论会，并出版了 1962 年的设计年鉴。1963 年参加世界工业设计联合会的巴黎大会，同期在日本举办了工业设计出口产品展览，日本的“人体工学研究会”也在此时成立，同时成立的还有相关的专门设计组织如日本展示设计协会等。从 1965 年开始，日本工业设计协会每年都举行一次专题研究会，如 1967 年的会议以工业设计有效性为主题；1968 年是人类工效学；1969 年论题是都市的生活；每年的主题都与设计的发展与取向有关，每研讨总结一次便使相关方面的设计向前推进一步。至 1972 年，日本的工业设计已取得了令世界瞩目的成就，对此，日本工业设计协会出版了《日本工业设计》的专著加以总结和介绍。

日本的工业设计有完整的体系，除全国性的协会等组织外，各地方、各企业都纷纷建立类似的组织与机构，推动当地设计的发展，提高设计水平。日本的设计教育自 60 年代起发展也很快，受到了政府和民间的高度重视和支持。1963 年，日本不少的大学增设了工业设计专业，尤其是开展了这方面的中等专业教育。1964 年成立的大阪艺术大学是以设计为主的大学，同年举办了日本设计专业学生会议，1966 年又成立了另两所设计学院：东京造型大学和爱知县艺术大学，与千叶大学、东京艺术大学、多摩美术大学等设计院校一道，构成了日本设计教育的基本框架。在理论研究与指导上，日本也是不遗余力，1961 年通产省发布了《工业设计手册》用以推广设计，宣传工业设计的基本原理和方法；1962 年，田敬出版的《工业设计全书》，完整地介绍了现代工业设计的概念、原理与理论；许多专业刊物发表系列研究文章，推介优秀设计，如日本《工艺新闻》1963 年发表的《促进高质量》的文章，提出了工业设计的更高要求。这些努力都反映了日本设计界在整个 60 年代做了十分细致而艰苦的工作，为设计的发展和取得世界性的成就打下了基础。

20 世纪七八十年代以来，日本的设计不仅在平面设计、建筑、服装、室内等领域取得很大成就，工业产品设计也达到了世界一流水平（图 3—62）。60 年代，日本的工业产品设计还没有摆脱西方设计的影响，基本上没有形成日本的面貌。70 年代开始有了改变，确立的设计原则是：（1）有弹性的专业特征；（2）文化的多元化特征。这一设计的定位受到了各方面的重视，丰田汽车公司由此加强了设计部的设计力量，使设计师在 80 年代初即达到430人的规模，提出了“设计是协调人的需求和机械设备之间的关系”的新理念。夏普公司设计的原则是“方便使用第一”，他们聘请了二百余人的设计师从事计算器等多种产品的设计。而在众多日本企业中，对设计的依赖最深最具成就的是索尼公司。

图3—62　日本GK工业设计事务所1991年为雅马哈公司设计的摩托车

如前所述，索尼公司是成立较早的电器专业生产公司，80年代，公司在其设计部门中增设了一个最为复杂的部门“产品计划中心”，任务是加强设计部门与推销、工程、广告和销售部门间的联系，提出新产品的各项规划，提出与产品的功能、展示相关的具体要求，重要的是产生“观念”，产生设想。这样，索尼公司的设计人员不仅是设计外形，更重要的是从产品开发的先期工作入手，完成整个的设计；这亦使设计部门成为整个企业结构中难以分离的有机部分。

索尼公司的产品在当今世界已成为最优秀产品的同义词。这与其精心的设计和独特的设计宗旨分不开。索尼公司在产品开发设计上一向坚持独创，不随大流，形成了自己的面貌和设计标准。从历史来看，40年代索尼公司的设计基本上由工程师来完成；1951年，开始雇请设计师设计外形；1954年自己成立设计部，至1961年时有17位工业设计师在这里从事设计，1981年达到56人，1983年增至131人。索尼设计原则的核心概念是“创造市场”。他们认为，设计要完全准确地预测市场，预测消费者的要求是不可能的，因为新产品从开始研究到投放市场需要相应的时间，而市场是变化不定的，容易形成错位，丧失市场机会，因此，随市场潮流的设计往往是被动的。“创造市场”即引导市场需求，取代“满足市场需要”的旧模式，在市场细分化的情况下，“创造市场”的设计策略，实际上是寻找新市场、开拓新市场、战胜新市场的捷径。为此，索尼公司在产品推介上做了很多工作，同时也将设计的范围拓宽到产品展示、推广、宣传的系列活动之中。

索尼公司在“创造市场”的设计原则下，形成了明确而具体的设计规范和概念，公司的产品设计和开发的八大原则是：

(1) 产品必须具有良好的功能性。产品的功能必须在产品处于设计阶段时就给予充分考虑，不但要在使用上具有良好的功能，并且还要方便保养、维修、运输等。

（2）产品设计美观大方。

（3）优质。

（4）产品设计上的独创性。

（5）产品设计合理性，特别要便于批量化生产。

（6）公司产品之间必须既有独立特征，又应有内在设计上的系统性与相关性，如电视机与音响是各自独立的，但一看就知道是索尼的产品，有一个统一的形象。

（7）产品坚固、耐用。

（8）产品对于社会大环境应具有和谐、美化的作用。

产品的使用方便是第一要素，必须是仅通过外形设计就能让使用者了解功能，方便操作。这里，设计的中心是解决人与产品间的关系问题，是设计人员的主要任务，除此之外，还要有对产品未来的设想等长期目标。

60年代以来，日本设计所表现出的多元化特征，主要表现在两方面，一是民族化的、传统的；一是现代的、国际化的（图3—63）。这即是国际设计界所谓的双轨制。设计批评家厄尔把日本设计分为两类：其一，色彩丰富的、装饰的、华贵的、创造性的；其二，单色的、直线的、修饰的、单纯与俭朴的。传统型和现代型设计组成了日本设计多元化发展的综合趋势，从日本民族文化性上来说，日本民族对多元化文化一向持宽容并蓄的态度，无论宗教还是艺术都是如此，在设计上也是如此。

图 3—63　日本日产汽车公司 1995 年设计生产的面包车

车型设计主要针对美国市场的需要。

传统性设计主要基于日本民族的文化传统和美学的、宗教的、生活的各方面因素，与日本人的生活相关联并融入他们的生活之中，这类设计主要是为国内服务。从现状看，日本的这类设计已达到了精工精致、单纯至美的程度，超越了历史上工艺所达到的成就。这与日本民族自始至终对民族文化传统的保护与发展密切相关。日本人有一个珍惜传统与旧物的传统，这种传统的承传与发展本身就已成为多元化的一部分。在日本民族传统的基础上，结合西方的、现代的内容与设计方法，所形成的既民族化又现代化的设计，不仅在国内深受欢迎，在国际上亦很受欢迎，如日本的包装广告设计（图 3—64）、服装设计（图 3—65）、传统食品礼品设计等等。双轨制促进了传统与现代设计的全面发展与提升。

图3—64　旅游招贴

日本设计师设计，采用日本传统的装饰纹样，结合现代的构成形式，形成一个既有传统精神又有现代性的佳作。

图3—65　现代晚装

日本设计师设计，立意来自于江户时代的民族装饰传统，又有国际性的流行色彩。

第四节 后现代主义设计

一 后现代主义设计与曼菲斯

有人把20世纪60年代以来的这种多元化设计趋向看作是现代主义设计的反动，是现代主义之后的一种新设计思潮。1977年，美国建筑师、评论家查尔斯·詹克斯在《后现代建筑语言》一书中将这一设计思潮明确称作后现代主义。

后现代主义按詹克斯的话说是现代主义加上一些别的什么东西，它是在现代主义基础上产生和发展的。一般认为，后现代主义首先在建筑领域中产生，或者说是通过建筑设计的不同风貌而凸显出来的。作为一种文化现象，它是社会和时代的产物，后现代主义与其说是一种广泛的社会文化现象，不如说是一种艺术设计思潮或设计运动更为合适。后现代主义的典型性、完整性在艺术设计领域往往表现得很充分，或者说，后现代主义的当代中心是在实用艺术的领域中。在这里，它主要指那些与现代主义设计不同的装饰性风格设计，一种新的设计语言和具有历史感的、丰富的视觉艺术形式，并包括了由这种新语言、新视觉形式所带来的美学精神。

后现代主义的影响首先体现在建筑领域。1966年，美国著名建筑师文丘里发表了《建筑的复杂性与矛盾性》一书，这一著作被看作是后现代主义的宣言书。在书中，文丘里提出的建筑理念与现代建筑的观念几乎完全相对立，“少即是多”变成了“少即是乏味”。他通过建筑复杂性与矛盾性的分析，主张建筑应有复杂、综合、折中、象征和历史主义的表现语言；建筑的取向不能由设计师个人爱好决定，而要尊重公众的通俗要求和审美欣赏习惯。1972年，文丘里在《向拉斯维加斯学习》的著作中，高度赞扬了赌城光怪陆离近乎俗气的建筑，认为其是时代风格的代表。在这一认识的影响下，一部分建筑师开始在古典主义的装饰传统中寻找创作的灵感，以简化、夸张、变形、组合等手法，采用历史建筑及装饰的局部或部件作元素进行设计。如穆尔1976—1979年设计的美国新奥尔良意大利广场即是由各个不同的建筑片断所构成的，意大利广场位于商业街区中央，设计师运用最现代的技术和材料，建起了一个以古罗马柱式为装饰主题的广场，在水池中还设计了一只象征亚平宁半岛的“皮靴”（图3—66）。

图3—66　美国建筑师里普·穆尔1976—1979年在新奥尔良市设计的“意大利广场”

后现代主义设计追求装饰的、历史的折中主义风格。建筑评论家P. 戈德伯格认为后现代主义“主张的运动是想摆脱刻板的，甚至可说是清教式的正宗现代派建筑，并且坦率地承认纯粹构图、装饰和历史风格。它并不乞求将这些变为新的正宗，它完全回避任何刻板的正宗观念。它是多元化的典型，也就是说它包含的意识多于任何其他个别风格”①。后现代主义中的折中主义风格，其主导因素是装饰风格的综合与折中，是多种传统装饰风格和形式的拼接、抽取、混合，即折中式的组合构造，成为既有历史内涵又有新结构的综合样式。从建筑上看，除上述“意大利广场”外，文丘里 60 年代为自己设计的住宅、汉斯·霍伦 1976—1978 年设计的法兰克福国际展览中心、美国设计师迈克尔·格利夫斯 1980—1982 年设计的波特兰市公共服务中心大厦等（图 3—67），这些后现代主义的经典作品大都是这种综合的产物。

图 3—67　美国建筑师迈克·格利夫斯 1980—1982 年在波特兰市设计的波特兰公共服务中心大厦

① 《现代西方艺术美学文选·建筑美学卷》，13 页，沈阳，辽宁教育出版社，1987。

后现代主义的建筑师，有许多人同时又是产品设计师，文丘里在 80 年代初曾为意大利阿勒西公司设计了一套咖啡具，这套咖啡具有意识地将多种历史样式融合在一起，形成一种“复杂性”特征。1984 年他为美国现代主义设计中心的诺尔家具公司设计了一套包括 9 种历史风格的椅子，椅子采用层积木模压成型，除各种纹饰和色彩外，在椅子的靠背上还镂空有鲜明时代特征的不同图案，每一图案总与一定的历史样式相联系。格利夫斯也设计过家具等产品，1981 年他设计的“梳妆台”，外形犹如一座古典式的教堂建筑，融庄严与诙谐于一体，既是好莱坞风格的复兴，又是后现代建筑的微型化表现。1985 年，他为阿勒西公司设计了一种称作“鸣唱”的自鸣式水壶，以不锈钢为材料，水壶壶身是现代主义风格的圆锥体形，壶嘴却是一只塑料的写生状小鸟汽笛，投放市场第一年即售出四万只，很受欢迎。

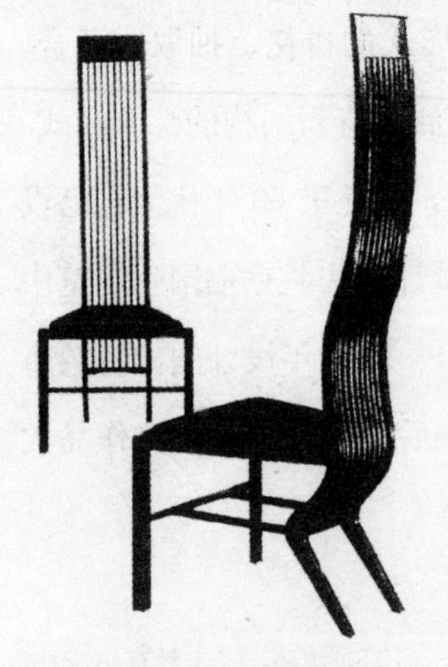

图 3—68 “玛丽莲”椅子

日本著名建筑师矶崎新，在产品设计上也有非凡的表现，1972 年他为意大利一家具公司设计了名为“玛丽莲”的椅子（图 3—68），其设计的理念融合了日本传统艺术与美国大众消费文化的精神。在设计中，他将椅子的设计方式比作日本和歌的创作方式，他认为，和歌原理是作诗的重要方式之一，这种作诗方式在一定意义上可以看作是一种用古典来建立新句子和新设计的方式。实际上即采用抽取、综合的方式来重新组合，赋予新意。“玛丽莲”椅子的设计的方式如同和歌创作中的用“典”手法，它的设计参照即“典故”是来自于麦金什的高背椅和美国性感明星玛丽莲·梦露的体型。这两种初始的意象，经设计师的组合运用，互相渗透，形成一种特殊的表达语言和设计形象。

从后现代设计中，我们可以看到其中不乏一种非严肃的、自嘲的、戏谑性的风格语言，通过这种近乎玩笑式的装饰寓意，给人以宽松与欢愉，这无疑是对现代主义产品设计中严谨的理性主义冷漠感的一种扬弃。

在产品设计界，后现代主义的重要代表是意大利的“孟菲斯”设计集团。“孟菲斯”成立于 1980 年 12 月，由著名设计师索特萨斯和其他 7 名年轻的设计师组成，以后设计队伍和影响逐渐扩大，美国、奥地利、西班牙、日本等国设计师也加盟其中，而具有世界性。索特萨斯是意大利 60 年代“极端设计”的关键人物，也是意大利后现代主义设计运动的发言人，以家具设计为主。他曾是米兰阿基米亚设计工作室的一名成员，他与设计师曼迪尼、布兰兹、卢奇等一道，创造了一种新的家具和产品设计的语言，以明快、亮丽的色彩和对比鲜明生动的线型和粒状纹样的装饰主题为主（图 3—69）。阿基米亚设计工作室为“孟菲斯”的成立打下了基础。1981年，“孟菲斯”在米兰举办了设计展，从风格、样式到设计观念的全新形象使世界设计界受到了极大震动。在其设计作品中，他们将一种破坏性的前卫概念通过设计语言的表达转变为一种近于高雅的时尚，为设计界创设了一个“后现代主义”的别致而时髦的样板，他们的设计作品并不多，但他们的设计观念却对整个设计界发生着重大的影响，深刻地渗入到80年代以来的产品设计之中，几乎成为一种新的“国际风格”。

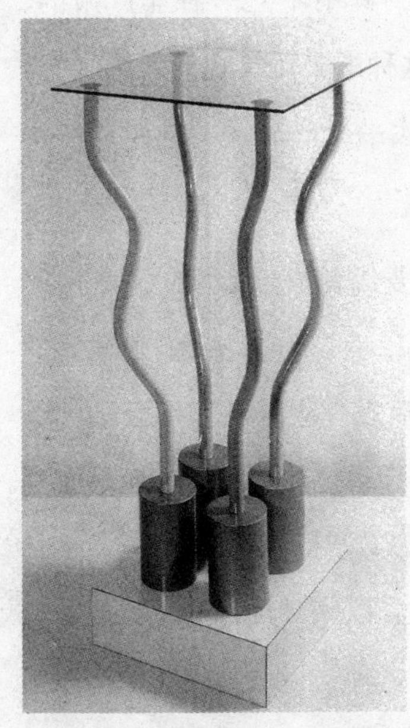

图3—69 “桌子”（1979年）
意大利阿基米亚设计工作室的作品，由著名设计师艾托·索特萨斯设计。

“孟菲斯”在设计中主张一种开放性的设计观，力图破除设计中的一切固有模式，对那些即使是毫无疑义的概念亦进行着新的解释。如关于产品设计的功能问题，“孟菲斯”认为功能一方面不是绝对的，而是有生命的，发展着的，它是产品与生活之间的一种可能的关系；二是功能不仅是物质上的，同时也是精神上、文化上的。产品不仅要有使用价值，更要表达一种文化内涵，使产品成为特定文化系统的隐喻或符号。“孟菲斯”在设计中关注更多的是文化的设计和生活方式的设计，索特萨斯认为，设计就是设计一种生活方式，因而没有确定性，只有可能性，没有永恒只有瞬间。他在对费城“1945 年以来的设计”展览目录的评论中阐述后现代主义设计的基本精神，提出：设计应该远离刻薄的工业需求的机器主义和具有广泛可能性与必要性的项目。当设计师设计了生活中的隐喻时，设计便开始了。索特萨斯追求的目标是将设计移入更大的传播路径中，使其具有更广泛、更富意义的语言表达力和对个人生活及社会生活的高度责任感。

索特萨斯的设计，早年追求理性的正统的设计品格，设计了许多正统的工业产品，60 年代他成为波普设计艺术运动中的一员，并热衷于东方神秘主义，80 年代，他又成为后现代主义的前卫人物，力求自己的设计富有文化的个性，表达人丰富而多样的情趣与爱好。在他的主导下，“孟菲斯”设计了许多家具和家庭用品，其材料主要是易得价廉的纤维材料、塑料、木材等，造型设计往往别出心裁，出人意料，装饰上亦以抽象图案为主，布满整个物品的表面；色彩上更以夸张、对比为特色，喜欢用明快、风趣、色度高的亮丽色调，特别是粉红、粉绿之类的艳俗色彩。如 1983 年扎尼尼为“孟菲斯”设计的陶瓷茶壶，其造型类似幼儿玩具，而色彩更是艳俗荒诞，具有很强的前卫性和试验性。1981 年索特萨斯设计了一个类似机器人的书架，色彩艳丽，造型奇异，有一种显见的波普风格，特别受到 80 年代青年人的喜爱。

后现代主义的产品设计有着众多的表现，虽然典型作品数量并不多，但它却深深地影响着80年代以来的产品设计方向，丰富了产品设计的内涵，扩展了产品设计的可能性。它通过自己独有的反现代主义的种种看似随意的方式，深刻表达着世纪末人的一种复杂的心理结构和惆怅情绪。从发展上看，后现代主义产品设计与后现代建筑设计直接相关，不少设计家都是建筑设计师，他们热衷于家具等室内用品的设计，并把后现代建筑的理念融入家具等产品设计之中，从而影响着整个产品设计界。从本质上看，后现代主义设计是在反现代主义的设计中生成和发展起来的，它的鲜明特点即是历史主义和装饰主义的。

图3—70　意大利设计师帕奥罗·德加尼罗设计的沙发（1980年）

我们知道，现代主义设计的源起和最根本的现代性即反装饰，而后现代主义却在这一点上反其道而行之，不仅大量应用历史的装饰形态，而且通过抽取、变异、综合、拼接等不同手法加以应用，做到了既运用了历史的装饰形式，在存在方式上，又不同于传统装饰，而是一种当代的有文化个性甚至哲学意义的新样式（图3—70）。后现代主义设计对装饰的运用，实际上赋予了装饰以新的时代意义，拓宽了装饰的层面，更新了装饰的表现手法。他们在戏谑、诙谐、玩笑、欢愉和艳俗中，创造了新的艺术情境和设计语言，其对设计的贡献，与其说是产品的，不如说是观念上的。

二　新现代主义与高科技风格的设计

在 20 世纪 70 年代以来的所谓后现代时期，不是所有的设计都具有了一种统一的新风格新精神，或者说形成了一种主流的设计风格，而是没有主流，只有多元化的趋向。原先曾作为主流设计风格而存在的现代主义设计风格，在后现代时期，不是消失了，它依然存在，但是，其存在已演变成或被斯蒂芬·贝利和菲利普·加纳解说成一种别致的装饰性风格（图 3—49）。

在 80 年代，现代主义设计仍获得了极大的商业成功，被誉为第一代“现代主义者”的雷内·赫布斯特、艾琳·格雷、罗伯特·马利特·史蒂文斯等的设计重新获得了赞誉和流行。在 70 年代曾遭谴责的现代主义大师勒·柯布西耶、米斯·凡·德罗和马塞尔·布鲁尔的设计作品被列入了“经典”设计作品的名单，重新获得了尊重。而 80 年代一大批设计家凭着他们的智慧使“现代主义”的精神有所发展和完善，如安德烈·普特曼和他在巴黎的公司埃卡特的设计实践；著名的设计师弗洛伦斯·诺尔领导下的诺尔联合设计公司，从 50 年代开始，一直坚守

“现代主义”的设计立场，成为国际最大最有名的“现代主义”家具的设计与制造零售商。80年代，“现代主义”在诺尔公司的“国际风格”的设计中仍然得到繁荣与发展。在当代一大批国际性的天才设计师如英国的戴维·梅勒、肯尼思·格兰奇，意大利的盖·奥兰蒂、理查德·萨帕，丹麦的埃里克·马格纳森及德国的“纯粹主义”者迪特尔·拉莫斯、迪特里希·卢布斯等人的杰出设计作品中，现代主义设计所倡导的理性主义精神似乎具有永久的魅力（图3—71）。

图3—71　意大利设计师1987年设计的沙发

1989年，在日本名古屋世界工业设计协会联合会的专门会议上，著名设计师，50年代“优良设计”的代表人物迪特尔·拉莫斯公布了布劳恩公司判定优良设计的十项原则：（1）创新的；（2）实用的；（3）有美学上的设想；（4）易被理解的（或会说话的)；(5) 毫无妨碍的；(6) 诚实的；(7) 耐久的；(8) 关心到最细部的；(9) 符合生态要求的；(10) 尽可能少的设计。这十项原则既坚持了50年代优良设计的基本准则，又有新的发展。与后现代主义中的形式主义和设计的过度化倾向形成了鲜明的对照。

1985年，丹麦设计协会配合欧共体制定了一项设计的交流计划，并设立了第一个洲际规模的工业设计奖："欧洲设计奖"，用以推广"优良设计"，设计奖不面向设计师个人而面向对设计有杰出贡献的产品生产公司，授奖的条件是：(1) 必须证明公司产品在信息传达、环境和设计文化上具有完整的策略；(2) 必须能够作为中小企业在推广产品设计开发和市场行销方面的楷模；(3) 必须展示其历年来在推动优良设计和优良设计管理方面所作的投资。

20世纪80年代对优良设计的重新关注，反映了设计上不同主张的多元并存局面，也表现出了对后现代主义设计中不良倾向的一种反驳态度。优良设计以自身反历史主义、强调功能性的新姿态再次成为当代设计的重要力量。80年代的优良设计与50年代的相比，已有了很大的不同，其思想原则已大大超越了功能主义，在他们看来，功能除实用功能以外，通过设计创造一种令人愉悦的东西，无疑也是一项教育行动，因为好的设计具有一种能使人们生活得更美好的力量，产品设计实际上是设计师与使用者之间的对话，因而设计师不能做得太多，要留有余地。

图 3—72　设计师查里斯·伯洛克1982 年设计的椅子

采用钢管作结构材料，体现出现代材料的高科技特征。

高科技风格的设计是 70 年代以来兴起的一种着意表现高科技成就与美学精神的设计（图 3—72）。70 年代的设计界，对待高科技在设计中的形式表现出现了两种截然不同的价值取向，一种竭力反对在现代设计中过分注重技术的作用；一种却主张充分展示现代科技之美，建立与高科技相应的设计美学观，由此形成了所谓“高科技风格”的设计流派。其设计的特征是喜爱用最新的材料，尤其是高强钢、硬铝或合金材料，以暴露、夸张的手法塑造产品形象，有时将本应隐蔽包容的内部结构、部件加以有意识地裸露；有时将金属材料的质地表现得淋漓尽致，寒光闪烁；有时则将复杂的组织结构涂以鲜亮的颜色用以表现和区别，赋予整体形象以轻盈、快速、装配灵活等特点，以表现高科技时代的“机械美”、“时代美”、“精确美”等新的美学精神（图 3—73）。

高科技风格的设计起源于二三十年代的机器美学，这种设计美学直接表现了当时机械代表的技术特征，而且在不同的时

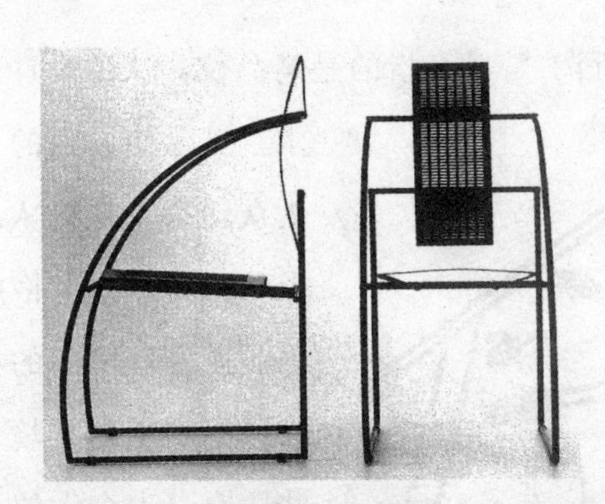

图 3—73　意大利设计师马里奥·伯塔设计的钢管椅子（1985 年）

代中随着表现对象的变化而有新的面貌。第二次世界大战以后，电子技术兴起，不少电子产品设计以模仿军事通信器材为能事。著名设计师罗维 40 年代末期设计的哈里克拉福特收音机就是其典型之一，在造型设计上，采用了黑白两色的金属外壳，面板上布满各种旋钮、控制键和精确的显示仪表，几乎没有家庭日用品的形式，而像是一台科学的检测专用仪器。在 50 年代初，罗维设计的另一款式的收音机，采用透明塑料外壳的表现方式，将内部元件完整清晰地展现出来，这都成为 70 年代以来高科技风格设计的先声。

70 年代起，高科技风格成为一个有影响的设计思潮。其名称来自于祖安·克朗和苏珊·斯莱辛出版于 1978 年的著作《高科技》。在设计上所谓的“高科技”，不同于现行概念中的高科技，而包含两方面内容：一是技术性的风格，强调工业技术的特征；二是所谓“高”，指的是高品位，这种设计的高品位追求，实际使设计的对象从平民大众转为上层的人群。从实质上看，高科技风格的设计是把工业技术环境中的技术特征引入家庭和生活环境之中，从公共环境引入个人的私密空间之中，将精细的工业化技术结构变成生活中的物品，使家庭用品成为一种工业化的象征物，有一种符号化的效果，并使原本普通的工业结构因换了场地和转移了功能，而被赋予新的美学意义（图 3—74）。

图 3—74　可调桌灯“提兹欧”
意大利设计师理查德·萨帕设计，高科技风格。

高科技风格的设计首先在建筑领域开始，经典之作是由英国建筑设计师里查·罗杰斯设计的巴黎蓬皮杜文化中心（图 3—75），设计者将原先的内部结构和各种管道、设备裸露在外，并涂以工业性的标志色彩，使工业构造成为一种独特的美学符号。由著名设计师福斯特设计的香港汇丰银行大厦也是高科技风格的杰作之一。除建筑以外，在产品设计上，也有许多高科技风格的杰作，如德国设计师威伯设计的不锈钢家具，罗德尼·金斯曼利用钢筋设计的椅子（图 3—76），福斯特设计的茶几（图

3—77）等。

图 3—75　巴黎蓬皮杜文化中心

图 3—76　罗德尼·金斯曼设计的高科技风格的椅子

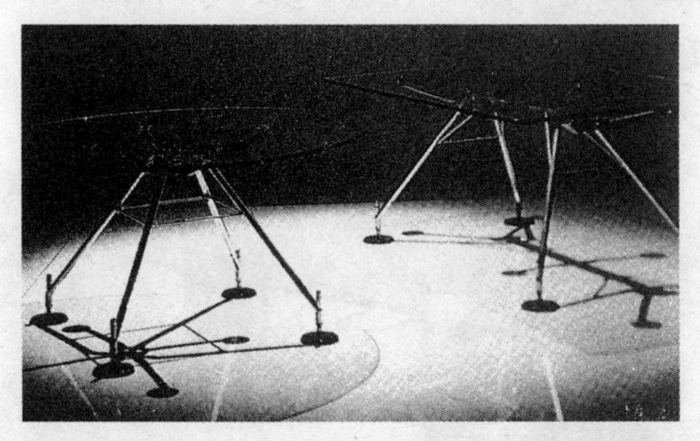

图 3—77　英国建筑设计师诺尔曼·福斯特 1987 年设计的茶几

这些作品，使用新型的高科技材料，表现出高度简洁、结构化、现代科技化的设计特征，有强烈的时代风格，展现出一种现代技术之美。

在高科技风格兴起之后，又出现了对它的改良而产生的所谓“过渡高科技风格”的设计，这是对高科技风格设计的一种嘲讽与戏谑，融入了个人的表现特征，加入了一些荒诞不经的细节处理，如法国设计师菲力普·斯塔克 1987 年设计的长条桌，桌面采用整块钢化玻璃，桌腿由合金制作成框式结构，在桌面下两腿之间放置一块留有树皮的锯木，形成工业的精致与自然的原始粗疏、人工与自然的强烈对比，从对比甚至不协调中表现设计师对高技术和工业化的厌恶情绪。加塔诺·皮斯设计的桌子“桑索尼杜”（图 3—78），采用钢结构，桌面为一不修边幅的气切割钢板，桌面下又衬有一钢网结构，使人不易靠近，更不要说使用了。这些设计来源于高科技，又充满了对高科技风格设计的怀疑与反叛。当然，这些设计也只能是博物馆的展品而已。

图 3—78　皮斯设计的桌子“桑索尼杜”

三 手工艺复兴与设计的高情感特征

后现代主义的设计观是一种开放的、兼容并蓄的设计观。设计师们乐于接受各种历史风格和时期的东西，为新设计服务，在这一思潮影响下，怀旧情绪和风格复兴、传统与地方意识交织在一起，一些家具生产企业也开始生产传统家具，如意大利阿特利尔公司又开始生产新艺术运动和手工艺术运动时期的产品，一些路易十五时期的家具也曾一度成为流行样式。在汽车新潮中，“老爷车”成为时髦的尊贵样式重新登场，这种“老爷车”，有着现代一流的机械动力装置，只是外形上完全采用20世纪三四十年代的老式样。英国80年代起，黑豹和摩根二公司专门生产这种“老爷车”。老爷车有自己的销售对象，对老爷车的选择实际是一种独具特色的高雅品位的选择，在这里，汽车不仅是代步的工具，而且成为表现个人生活风格和品位的象征物，在商业上它获得的成功，其原因正在于此。

对传统样式的关注与喜爱，也导致了手工艺的复兴。在英国这样的欧洲国家，莫里斯的艺术与手工艺运动虽然过去了近百年，但其影响几乎一直没有消失，60年代后期以来，在反对现代设计的思潮中，手工艺的价值又重新得到了人们的认可与重视。人们认识到，手工艺作为历史文化的积累和产物，具有人性化的特点，在现代社会，尤其是在高科技的现代社会中，它不仅作为一种文化和艺术的形态存在于社会生活之中，而且作为高技术结构张力的一个互补机制，在平衡人的精神和心理承受能力方面发挥作用。

20 世纪 80 年代以来，微电子技术的广泛应用和迅速发展，使越来越多的电子产品进入人的生活领域，而产品的外形和色彩往往也是那种高科技风格独有的样式，色彩以灰色、黑色为主，造型以盒式的几何体为主，光洁、规整、严峻、冷漠。80 年代以来，这种一统风格的设计开始改变，首先在家电及电脑上出现曲线形态和热烈色彩的设计，来改变那种刻板而冷漠的微电子技术形象，如日本雅马哈、夏普、三洋等公司，设计生产的视听设备呈曲线形态，色彩丰富热烈。1983 年夏普公司推出的 QT50 型收音机产品，造型为扁长形，将所有直角作圆化处理，这一创新设计获得了当年日本大阪国际工业设计竞赛第一名。1984 年英国罗斯公司推出的便携式收音机，一改黑盒式的男性化设计，使用红色塑料外壳，线角和转角全作了弧线处理。类似的设计被称为“软高技”的设计，其设计的特点是：以明亮活泼甚至艳丽的色彩替代黑、灰，以光洁、平滑的流畅曲线和圆角取代直角的盒式结构，以塑料等轻质材料取代冷漠的金属材料。这种设计趋向的生成，一方面是后现代设计思潮影响的结果，另一方面，高科技的物质环境，使人的日用起居到交通、工作场所无不处于一个机械化、自动化的高技术的影响和控制之下，人性的失落成为人类面临的一大难题。诚如美国未来学家约翰·奈斯比特所指出的："自从70年代以来，工业及工业技术逐渐从工作场所转移到家庭。高技术的家具反映出过去辉煌的工业时代。厨房里的高技术，它的高峰是食物处理机的出现，使我们的厨房也工业化了。最低限度主义使我们的起居室变得毫无人性。当然最后侵入家庭的高技术是个人电脑。"① 当工厂自动化、办公室自动化后，微电子技术大量地以前所未有的速度和方式进入家庭和人生活的各个层面，人与人的交流通过网络而进行，在网上的交流实际上阻碍和减少了人面对面交流的机会，造成新的人情的孤独与疏远。亚历山大·金在《一次新的工业革命还只是另一项技术》一文中写道："在一个房间里，信息输入的集中，非个人的和远距离通信可能性的集中，教育和文娱频道的密度，这些因素加上许多其他因素，可能使家庭失去机动性，并使家庭脱离人们的外部接触。这可能很容易导致个人的日益疏远，并不是我们今天看到的主动的反主流文化的隐退，而是被动的和不知不觉之间加剧的疏远，并且失去人的尊严和自觉。用更严格的话来说，大部分人类活动的自动化，最终会导致人类的自动化吗？回答是：很有可能。"② 人类

① [美] 约翰·奈斯比特：《大趋势——改变我的生活的十个新方向》，48页，北京，中国社会科学出版社，1984。

② 转引自 [德] 京特·弗里德里奇、[波] 亚当·沙夫主编：《微电子学与社会》，35页，北京，三联书店，1984。

作为生物，其自动化的前景应是十分可怕的、令人担忧的，因此，在高技术的社会环境中，人必然去追求一种补偿和平衡，这就是所谓高技术与高情感的平衡。约翰·奈斯比特指出："无论何处都需要有补偿性的高情感。我们的社会里高技术越多，我们就越希望创造高情感的环境，用技术的软性一面来平衡硬性的一面。"① 所谓高情感的平衡，即人性的平衡，手工艺作为人性化的产物，手工艺品作为人造物，具有高情感的特征，应成为这种平衡的工具之一。

在后现代设计中的手工艺复兴，不仅是个人性的手工制作和单件设计，也不是原有手工艺的回归，而有更深刻的含义和新的定位。诚如英国学者大卫·派在其著作《工艺的本质和万一》中指出的那样，手工艺的复兴一是纠正现代主义设计原则中对手工艺的偏见，同时亦是对传统工业设计观念的挑战。设计的目标是人的需求而不是一种生产方式，因此，不能以某种制造方式来排斥进行更多设计方法探讨的路径，而手工艺的方式能超越制造手段的限制，开拓更广阔的产品设计领域。意大利著名设计师布兰兹亦认为，对于后工业时代的设计，没有必要区分手工艺与工业之间的不同，任何一种生产方式都是为人提供更高质量的生活方式，在大生产日益发达的情况下，小批

---

① ［德］京特·弗里德里奇、［波］亚当·沙夫主编：《微电子学与社会》，47页。

图 3—79　皮斯 1969 年设计的沙发

量、多样化是发展的必然趋势。在当代的设计领域，高情感的设计已成为设计追求的重要目标之一。后现代设计在一定意义上可以看作是高情感设计的一部分（图 3—79）。

高情感设计有着众多的表现形式和范围，对人的无微不至的关爱能够细致地体现在设计的每一环节之中，如利用人体工程学的研究成果结合计算机辅助设计，创造出高科技与高情感完美结合的产品。德国设计师路吉·柯拉尼是一位以独特的有机风格享誉设计界的人，他所作的设计立足于高科技与高情感的完美统一，采用大量的有机形态作产品设计，其范围从日常用品到汽车、飞机等大型交通工具，这些有机形态设计，充满了复杂而流畅的曲线。在对高科技和人类工效学充分掌握的基础上，他力求自己的设计符合生物学的原理，甚至有着与生物相同或类似的形态。如柯拉尼为德国罗森泰陶瓷公司设计的“滴状”茶具（图 3—80），以水滴

图 3—80　柯拉尼 1974 年设计的“滴状”茶具

的自然状态为造型的依据，这种水滴状的有机形态是建立在严谨的功能分析基础上的，如壶把手位于壶的重心位置，斟水十分省力。又如他的汽车和飞机造型设计，仿生学的意念就十分明显，他将高科技作为人类物质生活更接近生命状态的手段，而运用到设计作品中，表现了一个未来形设计师和思想者对人类生命本质的探索与追求，亦是在最深刻的层面上对设计本质的设问。虽然他设计的飞机、汽车等作品因夸张的有机形态常常缺乏生产技术上的可行性（图 3—81），而不可能成为现实，只具有未来主义的意义，但却给整个设计界以重要的启迪。

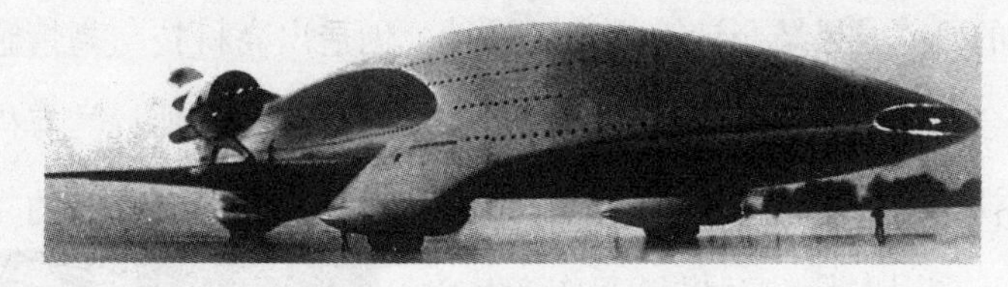

图 3—81　柯拉尼设计的飞机

设计的最终目标是为生活、为人的设计，因此，设计的发展始终应以人为核心。而人对设计的认识，也会随着其自觉而日益深化，并最终通过产品设计和生产体现出来，产生更多、更优秀、更符合人的需要的产品。

第4章

走向未来的设计

第一节　未来的社会与设计的未来性

一　信息化社会与设计

我们现在正处于一个社会转型期，正在走向新的未来。对于未来的社会，一方面人们有许多的认识和设想，而未来社会各种可预见的特征已在当代社会得到初步的确立。现在比较一致的看法是未来的社会是所谓的信息社会，有的又称之为后工业社会。美国学者迈克尔·G·泽伊将未来的社会称之为大工业社会。后工业社会和大工业社会都是着眼于当代工业社会的发展，着眼于硬件，认为未来社会是当代工业社会的一个发展形态。信息社会的提倡者认为信息的数字化方式将是未来社会的典型特征，其着眼点是在软件。无论怎样称呼，未来社会的变革将是巨大的，变革的速度将更为迅速。

迈克尔·G·泽伊所谓的大工业社会，其社会特征是“大”，无论是空间和尺度在未来都是巨大的。他认为，大工业时代在包括制造业、外层空间、医学和人类潜能在内的诸多领域业已开始。人类在空间、时间、数量、质量、尺度和规模这六个不同方面的革命将同时开始，人类将目睹在这些方面扩大自己的优势。这六个方面的时代特征是：

（1）空间方面，探索和利用行星，人类开始了挑战和征服外层空间的进程，建立永久性空间站，人类从自己居住的星球中解放出来向外层空间渗透，这成为大工业时代的主要标志。除了向天空发展外，亦有地下空间的开掘，如日本建造深入地表的100英尺的一座购物中心、写字楼、住宅楼和发电站组成的地下中枢。还有在物质内部空间方面的探索等。

（2）在时间上，人类通过未来医学、生物技术的进步，延长人的寿命；另一方面设计生产超高速运输工具，如超高速飞机、时速达300英里的快速列车等（图4—1、图4—2），进一步节省人在旅途上的时间。通信和更多功能的机器人将会让人享受更多的闲暇时间。

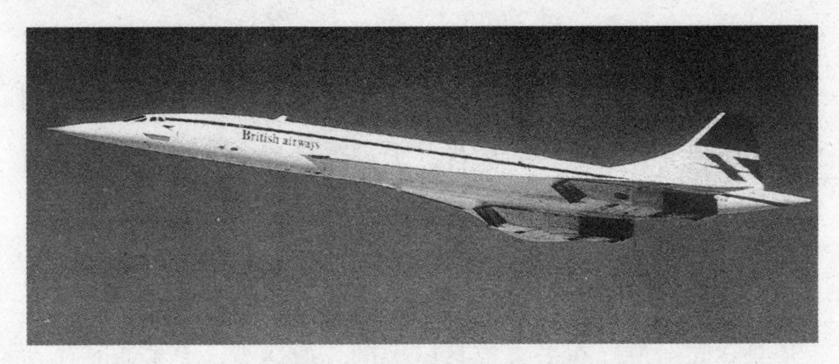

图4—1　英国弗兰哥公司1976年研制生产的超音速喷气客机

（3）在数量方面，大工业时代将最终消除物质匮乏的状况，各种先进的技术将为人类提供相当数量的食品、能源和用品。大规模生产方法的出现，使大规模的制造业成为可能，并有发电量高于当代的能源供应系统，利用生物技术和遗传工程将会

图 4—2　城市高架铁路系统

生产更多粮食和食物。

（4）在质量上，大规模制造业，由于采用电脑控制和机器人技术将会生产出更优质的产品，材料科学的突破也将使产品质量得到提高，而且会产生新型的所谓“智能材料”。

（5）在大工业时代，无论是生产规模和消费规模均大幅度增长，并扩展到全球范围。

（6）大工业时代最令人惊讶的是“尺度”，摩天大楼将高达 210 层以上，人工岛将可容纳上百万人，日本的公司设想建一个类似富士山的火山形城市大楼，高达 2 500 英尺，可容纳 70 万人；美国的世界城市公司将建一艘可供五千多名乘客的巡游艇；人类还准备建立足球场大小的太空站和在月球和火星上建造太空城市。除这些宏观的大尺度制作外，在微观方面，人类将开发像原子和分子一样大小的机器零件。

泽伊认为，大工业时代的宗旨将放在物质产品的制造及具体工程和目标的完成上。产品数量和质量的提高、生产和分配规模的扩大以及人类向内层和外层空间的延伸，所有这些产生的直接结果将是人类生活质量的改善。① 这一切的变革也包括了设计的变革在内。

21世纪美国、日本、西欧等发达国家已在高度发达的工业文明的基础上进入了一个以微电子技术、光学技术、生物工程技术、新材料、新能源为主的新的发展时代，这个时代的显著标志可以说是信息化，作为时代的潮流，这将在21世纪的前半期成为主导世界文明的主流。信息时代的艺术设计亦必将不同于工业文明时代，从20世纪90年代发达国家高等院校设立的信息设计等专业看，已经显露出一种新兴的设计趋势。法国学者马克·第亚尼在《非物质社会》一书中写道："在后现代社会中，主导人们工作的主导性结构形式的一个主要特色，就是新技术的无所不在性和随机应变性。从以人力工作发展到以机器工作，再发展到以电脑为工具工作，其间发生的迅速的技术变化，导致了个人和群体为适应其特殊工作环境的变化。与这种

① 参见［美］迈克尔·G·泽伊：《擒获未来》，15页，北京，三联书店，1997。

技术上的变化同时俱来的，还有社会的变革和文化的变革，这一变革反映了从一个基于制造和生产物质产品的社会到一个基于服务或非物质产品的社会的变化。在这样一些新的条件下，设计与不久之前相比，已经变成一个更复杂和多学科的活动。”①在这样的设计活动中，人们的设计已不是像传统设计那样，设计类似椅子、屏风、键盘之类的物质产品，而是一种服务于非物质社会的“新的设计”。

这种非物质社会的“新的设计”，既有物质产品，又有非物质产品。即使是物质产品，其功能的层面也是多种多样各不相同的，大多数产品已经成为超越功能的、多功能的，甚至是不具实用功能的。在 20 世纪 80 年代以来，已有相当多的电子产品实现了多功能的组合，如所谓超级 VCD，电话传真，复印一体的传真机，多媒体电脑（图 4—3）；这些被认为是信息技术或信息社会的初级产品，虽说“初级”，但已表现出一种发展的趋向。

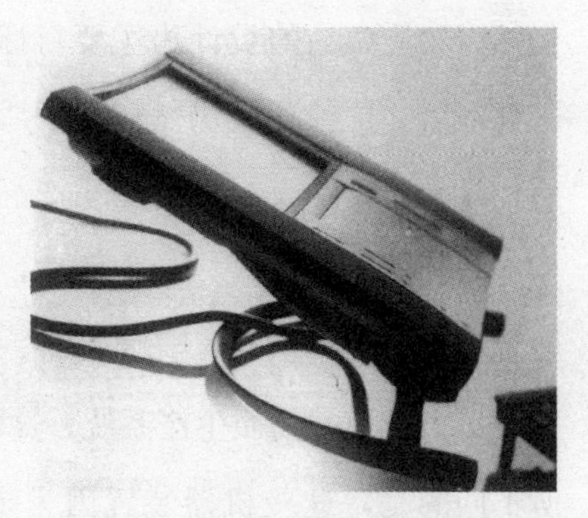

图 4—3　苹果计算机外形设计

① ［法］马克·第亚尼：《非物质社会》，11 页，成都，四川人民出版社，1998。

信息设计是非物质设计，它同样有许多不同的层面，在信息社会的高技术时代中，新的机器、设施是这一时代的主导产品，而且技术时代与新的机器的生产总是相关的，即有高技术必然要有与之相关的机器设备，这种智能型的机器设备仍需要有适当的外形或一种“皮肤”，在这种外形和皮肤上“仍然需要充斥情感的和符号的强力”。这就是说，外形设计仍然是设计的一个重要方面。非物质社会的设计，并非是没有物质产品，而仍然以物质产品的设计为主要目标，设计师们仍在为人们创造一种环境，这种环境仍然包括物质环境，信息社会的生产和生活仍必须建立在大规模的物质产品的基础之上，而且这种物质生产基础将更为巨大。如上所述，巨大规模和无处不在的技术装置和专门生产汽车、音像设备、电子产品等大型企业组成了一个更大规模的物质生产系统，这亦是设计所面对的主要对象，所不同的是，这些机器装置因为高科技和数字化技术的渗入，已发生了不同于传统产品的巨大变革，需要用更新的观念和手法来从事设计；另一方面，设计本身因高科技的发展，其设计的工具也变成非物质性的，如大多数设计都在电脑中完成，不久的将来按照全息性模型进行的设计也会出现。

非物质化的趋势，电脑技术的发展，已极大地或根本改变了设计的原有面貌、程序和手段。在传统设计中，设想是不断地通过试制来完成的，从小的零件开始到整机，依靠设想与制造之间不停地相互作用，最终完成设计。因此，培养设计专业学生的动手能力成为一个最重要的能力和主要目标，所谓动手能力主要指制作模型的能力。而在信息社会或高科技的时代中，设计的过程不是依靠概念与制造间不断地相互作用来完成，而是全部由电脑综合完成的，无论抽象的还是具象的转换直至产品的设计完成，全都是在电脑桌上由电脑直接完成的。在发达国家的最先进的设计室中，延续了上百年的设计蓝图绘制系统早已终结，绘图员和造型师已从造型车间和研制室消失了，准确地说是被电脑取代了，电脑完成了所有需要绘制的任何形象，无论是整体还是局部，无论是立面、侧面还是横截面。在这种设计室中，设计师的主要任务是按照以下三方面进行构造：(1) 工作顺序；(2) 探索性程序的法规；(3) 在一个按照某些参数（来自人体工程学或人类工效学，最终来自创造性想象）确定的自由物中进行接合。① 设计成了某种意义上的形象接合，这里设计师的评判能力成为关键的指导因素，通过评判和选择，在“功能最佳化原则”的控制中表现出来。西方学者将设计的这一变化的情境称之为“初创形加变换”，“我们正在从一个纯粹以手工创造模型的时代走向一个‘初创形式加变换场’的时代。这种变换往往开始于一个早已存在的物品，不管这种物品是传

① 参见［法］马克·第亚尼：《非物质社会》，42 页。

统的还是现代的，这样我们就可以从这种已有的确定模型发展出一整套新的模型……这一过程是通过使用最精细的和最抽象的创造性技术完成的，为的是用创造性方法在程序中将它们表达出来"①。

设计，艺术设计和产品设计正在走向一个新的未来。

二　设计的未来性

设计在本质上看是属于未来的。未来性是设计的本质属性之一。设计总是对未来的设计，是立足于现实基础上的、面向未来的设计。设计是创新的设计，是提出新问题、解决新问题的过程，这种"新"即是现在所没有的、未来型的。设计总是对现实和现有产品的一种超越，这种超越是面向未来的一种超越，而未来是未曾有过、未曾经历过的、理想型的东西。

设计具有前瞻性，面向未来的设计，可以说是前瞻性设计。设计的前瞻性即设计的未来性。事物的前瞻性必须是发展的、理想的、新兴的、有生命力意义的，它与人类的前进与发展相联系。

面向未来的设计，是对未来理想的适应性设计。在工具的意义上，设计是人类实现未来理想的工具，又表现为一种对未

① ［法］马克·第亚尼：《非物质社会》，42～43页。

来理想的适应，是人完成或实践理想的一种即将现实化的形态。通过设计，将人们对未来的理想具体化、现实化。如在汽车的设计制造方面，所谓概念车和未来型车（图 4—4），就是一种对未来理想车型的探索和实践，它将人们新的理想和愿望包括对已有的设计进行改进的愿望加以实现。

图 4—4　奔驰汽车公司 20 世纪 90 年代推出的概念车之一

设计是未来性的，这种未来性又有不确定的未知因素，在产品上，未来性表现为未来的形式，这种未来的形式是人们准备接受或将要接受的形式，能不能为人所接受，或者说为大多数人所接受，这有一个过程，概念车和未来型车的登场亮相、宣传就是预设这样一个过程，在这一过程中倾听意见，同时以这种稳妥的方式引导更多人的接受预期，将少数人的设计理想变为多数人的接受预期。

在产品设计上，设计的未来性是本质性的，但它又有一定的层次性和阶段性，在概念上、理想上它可以走得很远，但在具体的产品设计上它必须考虑人特别是大多数人在接受新事物、新设计、新形式方面的可能性，大多数人对事物的接受和认识有一个过程，不可能是突变式的。设计上也是这样，如早期汽车的设计，除动力装置外，车辆造型基本上还是采用了人们所习惯的马车的造型（图 4—5）；当塑料成为制鞋材料，能够用注塑机一次注塑成型时，这种塑料凉鞋的式样是仿照皮凉鞋的式样，连鞋底边上也仿制出缝合的线脚，非如此，人们便不认为是鞋，或者难以一下子接受。形态的认同性会产生相应的习惯性，因此，设计的未来性在具体的设计实践中往往是靠渐变来

图 4—5　早期汽车的设计

1907 年由德国设计师约瑟夫·M·欧柏里希设计的汽车车身，与 19 世纪欧洲马车的车身造型无太大的差别。

一步步实现的，新的形态与旧的形态之间必须要有延续性，这一点现正已为许多企业设计部门所重视，如世界著名家电企业荷兰飞利浦公司在 20 世纪 80 年代就提出了新的设计策略是“产品演变”而不是“产品革命”，实行循序渐进的设计发展目标，其精心设计的家电产品从造型上看不那么“前卫”，但与大多数人的接受预期靠近，与已有的产品形态靠近，而深受市场欢迎。由此可见，实现设计的创新亦需要智慧和策略（图 4—6）。

图 4—6　932 沙发

意大利设计师马里奥·贝里 1965 年设计，与传统沙发造型有很强的继承性。

面向未来的设计是创造性设计，是完全新型的、新思路的设计。但在具体产品的设计上这还有不同的层面和完成方式，如上所言，进行产品的演变，也是一种创新设计，这里不是设计的本质变了，而是策略的变换而已，其本质仍然是未来性的、创造性的。

面向未来的设计又可看作是已有产品设计与未来型设计之间的桥梁，一种两者之间的过渡形态，是适用于当代的具有创新性的设计。而未来型设计，也许在当代根本不能为人所接受，但它是人类对未来社会图景的一种实践形态，即是为未来社会而进行的一种设计，这种设计不一定适用于当代，而具有明显的实验性、前卫性和未来性；是人未来性思考、理想的一种具体化，又充满着不确定因素，而具有探索性（图 4—7）。

图 4—7　1981 年汉斯·霍雷恩设计的沙发

未来性的设计，一方面是产品的设计，通过未来型产品的设计，它也许会生成和设计出相应的一种新的适应未来社会的存在方式和生活方式。方式的设计是未来性设计中最重要的关键之一。英国工业设计委员会主任泡尔·雷利根据他主持伦敦设计中心的经验时曾谈到，当时的英国青年人对于设计中心展出的单个的设计新产品已缺少兴趣，却对表现出不同技巧和训练之间的内在联系的展出表现出很高的热情，即对设计中心的产品橱窗作用的兴趣减少，而对它作为一种社会实验室的兴趣增加了。这就是说，人们对未来所希冀的不仅仅是单个产品的更新变换，更重要的是新生活理想形态的现实化，即对于未来社会形态的新精神观念的追求。设计通过对未来产品设计、环境设计而进入社会精神层面的生活方式、娱乐方式、交往方式等领域，开拓更广的空间，亦有着更多的发挥设计本质力量的余地。

设计的未来在一定意义上又是人类的未来，设计是人类走向未来的手段与工具，是为了更好地走向未来、实现理想的工具。当代人类的发展已进入可持续发展的阶段，设计也应当是可持续发展中的一环，是人类实现可持续发展的工具和手段，亦是未来发展远景中的一部分。

在未来的远景发展上，联合国倡守着三个基本概念："人权"，"可持续发展"，"人类的共同遗产"。可持续发展是在当今的条件下对发展本身提出的要求，即一种着眼于未来的发展，这种发展不是无条件无限制的发展，即不仅表现为一种数量方式，更表现为一种质量方式。瑞士巴塞尔大学著名的哲学家海因里希·奥特在《基督教与现代化》的演讲报告中认为可持续发展首先应该是一个质量概念，涉及"生活质量"的命题。我们知道，自人类诞生以来，人类就一直为自身的生存和生活而奋斗着，在人类文明的初期，或人类发展的相当一段时期中，仅仅为了生存、为了生命的延续而生活着、劳动着。人类文明发展起来后，即人类的生存问题解决后，如何更好地生活的问题凸显出来，设计实际上就生成于这一层面之中。当然，可持续发展中的“生活质量”问题包含着众多的方面，而设计无疑仍然是提升“生活质量”的手段和路径之一（图 4—8）。奥特认为，“人类的共同遗产”，应作如此解释：

图 4—8　美国著名设计师赖特设计的“流水别墅”

“自然的多样性，物种的多样性，但也包括而且首先是文化和生活方式的多样性，属于人类的共同遗产，只有它才能为这个地球上的人类个体生活提供丰富性。”① 这样看来，所谓“人类的共同遗产”即人类所面对的、现在的、未来的从自然到文化和生活方式的多样性。多样性即丰富性。在现代技术条件下和商业社会中，技术的相似性或共同性、商业的竞争往往会导致某种单一或一些“物的霸权”。当然，这种单一不是技术发展

① 白波：《我们时代的理论姿态》，载《读书》，1997（4）。

的结果，而是技术发展过程中的产物，技术既能导致单一，也能导致多样性。我们所说的艺术设计，在这方面实际上成了执行多样性、实现多样性的工具和法宝。它将使单一的技术通过艺术设计的方式，创造出同一技术条件下的多样性形式和方式来（图 4—9）。

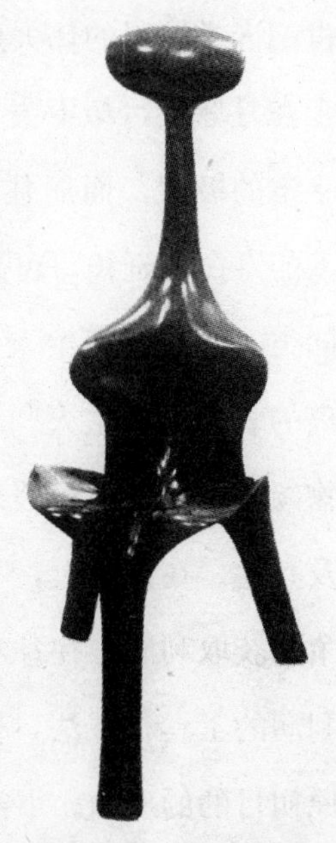

图 4—9　弗罗瑞斯椅

因此，人类对设计的选择实际上是对多样性的选择。设计创造着多样性、生成着丰富性，这对于面向未来的设计而言，更是其根本的任务。

三　为人的设计

设计是为人的设计，这就是说人是设计的出发点和根本目的。但在设计发展的过程中，或者说在设计存在的现实中，以人为设计的根本目的仍然具有理论的和理想的色彩。在一些企业家那里，设计仅是市场竞争的工具、推销产品的手段，或者说增加附加值的手段，其目的是产品而不是人。这一现象不在少数，几乎具有倾向性。

1987 年，世界各国的诺贝尔奖得主聚会巴黎，探讨人类面临的新的挑战。和平奖获得者，会议主持人韦塞尔在论述了 20

世纪人类取得的伟大成就后，就人类本身的困境指出："人已行走在月球上，却不去亲近自己的同类；人在探索海洋的深度和宇宙的极限，而居住在同一楼道里的邻居对于他还是陌生人；人的寿命在延长，可高寿正在变成负担和厄运。"不亲近自己的同类，邻居是陌生人，这是人类群体之间、人与人之间淡漠疏离的表现，也是人与人之间缺少责任心、互助心的表现。在造物领域，这就必然表现为其生产目的仅在于获取利润，而不顾及其他。在设计上，有相当多的设计其出发点也仅在于市场竞争、获取利润，往往在市场利润的驱使下，设计成了获取更大利润的工具和方法，设计不是为了人而是为了物，走向了设计原初目的的反面。韦塞尔指出："人类的特性不仅在于它渴望真理，还在于它有互助心和责任感。"本质上说，设计尤其是艺术设计完全是人类上述特性的集中体现。① 设计体现了人特有的互助心和责任感。设计行为本质上是一种社会化行为，设计师所从事的设计，不是为自己的设计，而是为他人为众人的设计，因而，这种设计体现了人类共同的愿望，互助是最基本的内在含义。

正因为设计是社会行动，它必然性地要对社会对他人负责，"责任感"之责任也许在一定意义上超越了一般层面上的责任，尤其是设计师的设计是通过大批量社会化生产实现的，这种设

① 参见马卫民：《呼唤人间情怀》，载《环球时报》，1997－10－05。

计产品大量地进入社会，进入人类生活，设计的责任、设计师的责任将是社会性的、巨大的。为人的设计体现了设计的全部价值或者说真正价值。为市场竞争目的而进行的产品设计，其价值仅仅在于物，因而是不完整的、有限的。立足于以人为目的的设计与为推销产品赚取更大利润的设计在本质上是不同的，后者有可能以华美的外在形式取悦于市场和消费者，而不顾及产品的真正使用价值；亦有可能将产品的美的形式演变成庸俗低级的形式而降低消费者的审美趣味。因此，在这一意义上，设计具有较强的道德价值，为人而设计的思想是设计必须具有的高尚道德的一部分。而从本质上说，设计是为人服务的，高尚的道德应是其本质特征之一。但在实际的存在中，设计被异化成了推销产品、赚钱的工具。

为人的设计亦要求设计师具备为人民服务的思想，设计师的设计不是个人行为，不是个人的艺术表现，而是以人的需要和目的为宗旨的，因此，设计，只有为人的设计才能最终成为优良的设计、好的设计。

从设计的宗旨而言，设计师的社会意识和社会性可以说是本质的、必然性的，为社会大众服务、为社会和时代的需求而设计，是设计师的天职。这是设计师与艺术家的一个重要区别之一。艺术家的艺术创作可以是个人的、表现的，而设计师的设计则是社会的、非表现性的，如果两者都需要激情，艺术家可以把艺术创作作为表达自己情感和激情的场所，而设计师只能将自己的激情化作对社会负责的精神和责任感。

设计不是设计师的自我表述，设计不是表达与其特定的社会宗旨相矛盾的个人感情的场所。设计师的设计一旦作为商品、产品或以其他形式进入社会和人的生活，它先天地具有了一种社会责任和义务，成为一种本质的承诺、一种可以依凭的、可靠的精神和物质存在。这是设计存在和为人所接受的根本保证。如此，一个物品、一件家具、一座建筑乃至一座城市这些注定要长期为人或集体所使用的东西，其存在才具合理性。让那种只充溢着设计师个人情感的设计作品长期地为大众所使用和接受，这是难以想象的。

设计师为了一定的价值目的而设计，而不是为了激情。人们接受一项设计会有各种不同的方式和目的，有的为了用，有的为了展示，有的或是其他用途，但无论如何人们不愿接受那种强加的、属于设计师的激情。人们需要激情和需要感受激情，那只能是自己的激情。设计不是摒除激情或情感，而是要创造一种中性的、能容纳和激起使用者的感情的东西，这种东西即是一种境界，一种崇高的境界（图 4—10）。设计师在这里实际上为使用者创设了情感投资的空间，他以其宜人的、合适的种种设计要素，激发使用者的感情，犹如导引一样，让使用者自己感受、自己叙述。欣赏一项设计需要激情，一个好的设计必定是一个能够激发人们情感的设计，“它产生于深刻的知识及力求实现某种强烈的想法的创造性努力的基础之上。但是这种努力应该永远受到制约：即永远属于它的特定主题而不是基于创作者个人的自我表述”①。

图 4—10　澳大利亚悉尼歌剧院

设计体现了功能与形式、设计师的创造性激情与广大受众之间完美结合的必然性。

设计的社会责任是提供某种服务，它使用公众易懂的语言和符号，是设计者站在使用者的立场上为使用者立言，替使用者着想，为使用者提供最大的方便（图 4—11）。设计师是最好的“公务员”，是全心全意为人民服务的人。设计师应是最具献

① ［意］维托里奥·马尼亚戈·兰普尼亚尼：《设计与激情》，载《建筑艺术与室内设计》，1993（2）。

身精神的人，他的艺术才智是通过艺术设计的创造奉献给大众的，他的艺术生命是与设计的创造与奉献联系在一起的。

图 4—11 蒸汽熨斗

德国洛温塔公司 20 世纪 70 年代设计生产，是为大众而设计的优秀作品。

第二节　艺术化的生活

一　生活与生活方式

艺术设计或者说产品设计的目的是为了人，具体地说就是为了人的生活。人从降生的时刻起就开始了生活，开始与各种物或者说产品打交道，开始在一个既是自然界，又是人造物的世界中生活。生活有两种意义，一是活着，作为生命体而活着；二是人所从事的各种生产、生活的内容、过程、方式和形式。因此，每个人都有自己的生活并形成了一定的生活方式和形式。

作为科学范畴的生活方式，是指在不同的社会和时代中，人们在一定的社会条件制约下及在一定的价值观制导下，所形成的满足自身需要的生活活动形式和行为特征的总和。① 或者说是“一定范围的社会成员在生活过程中形成的全部稳定的活动形式的体系”②。生活方式概念的构成要素是生活活动的主体、生活活动的条件和生活活动形式。生活活动的主体是生活方式结构中最核心的部分，生活方式的主体可以是个人，也可以是

---

① 参见王雅林：《人类生活方式的前景》，2 页，北京，中国社会科学出版社，1997。

② 高丙中主编：《现代化与民族生活方式的变迁》，72 页，天津，天津人民出版社，1997。

家庭群体乃至一个社会、人类共同体等。

在这一主体的结构中又有社会意识形态要素、社会心理要素和个人心理要素三个不同的层次起作用。对人生活行为起重要调节作用的是价值观念，这亦是生活活动的主要动因之一，在一定意义上生活方式就是由一定的价值观所支配的主体活动形式。生活活动的条件构成了生活方式的基础，包括自然环境和社会环境两大部分。社会环境有宏观和微观的区别，宏观社会环境包括社会生产力、生产关系、社会结构、文化等诸要素；微观的社会环境包括具体的劳动生产和生活环境，个人收入消费水平、住宅、社会公共设施的利用等等。社会环境决定和影响着人生活方式的形成和选择，也决定了人与人、民族及时代在生活方式上的差异性。生活活动形式是指生活活动行为的样式、模式，是具体可见的，生活方式的风格性特征主要通过具体的行为样式而表现出来。

生活方式在一定意义上表现为一种消费方式，一种对产品的消费方式，而艺术设计或产品设计和生产实际上是直接为消费服务的，因此，生活方式与产品的设计与生产密切相关。

当代西方学者将对消费和消费方式的研究作为研究生活方式的重要手段和内容。韦伯曾指出，特定的生活方式表现为消费商品的特定规律，所以研究商品消费可以认识生活方式。韦伯认为："地位的社会分层是与对于观念的和物质的产品或机会的垄断并存的……除了特定的地位的荣誉——它总是依赖一定的距离和排外性，我们还看到各种对于物质的垄断。此类受羡慕的爱好可能包括若干特权，如穿特殊的衣服，吃特殊的、对外人来说是禁忌的食物……"因此，"可以简洁地说，'阶级'是按照它们与商品生产和商品获取的关系而划分的，而'地位群体'是按照它们特殊的生活方式中表现出来的消费商品的规律来划分的"①。一定的产品为一定的群体所消费，这种"地位群体"的消费无疑给相应的产品打上了"地位群体"生活方式的烙印。这在西方现代产品设计中是一个十分普遍的现象，一方面是"我买什么，则我是什么"，我买名牌，证明我是买得起名牌的特殊消费群体的一部分，名牌的购买和使用行为成为一种身份地位的确证；另一方面，产品的艺术设计总是针对特定消费群体的，即使是主张面向大众的现代设计，其真正的现代意义上的产品尤其是具有前卫性的设计产品，其消费对象主要是富裕的、文化层次高的有闲阶级。经济学家凡勃伦在《有闲阶级论》中已深刻地揭示了这一点，他认为，有闲阶级把钱投入象征他们高人一等的实物（产品）消费即所谓"炫耀性消费"，这种消费并不是维持生活必需的而是特殊化的，"使用这

① 转引自高丙中主编：《现代化与民族生活方式的变迁》，5 页，天津，天津人民出版社，1997。

些更加精美的物品既然是富裕的证明，这种消费行为就成为光荣的行为；相反地，不能按照适当的数量和适当的品质来进行消费，意味着屈服和卑贱”①。这里，消费的不是一种商品，而是一种关系，一种消费者与商品之间、集体与世界之间的一种关系。“为了成为消费对象，该对象必须变成符号；也就是说，它必须以某种方式超越它正表征的一种关系：一方面，它与这种具体的关系是不一致的，被人为地、武断地赋予了内容；另一方面，通过与其他对象的符号形成一种抽象的、系统的关系，它获得了本身的一致性，并因而获得了自身的意义。正是通过了这种方式，它变成个人化的，并进入所属的系列：它之被消费，而不在于其物资性，而是在于其差别性。”② 即被消费的不是对象而是关系本身。消费者与商品（对设计而言，即设计的产品）的关系应是一种使用与被使用的关系，使用价值是主要的，但消费者在选择商品时，要求商品必须具备超越于使用价值之上的象征价值。

对于消费的这种特殊现象，法国当代著名的社会学家鲍德里亚认为当代消费已成为工业文明特别是发达资本主义社会的独特生活方式，而不是一种满足需要的过程。因此，消费成为一种系统的象征行为，这种消费行为不以商品的实物为对象，

① ［美］凡勃伦：《有闲阶级论》，56 页，北京，商务印书馆，1964。
② 转引自高丙中主编：《现代化与民族生活方式的变迁》，14 页。

商品的实物仅是消费的前提条件，是需要和满足所凭借的对象，即实物是象征的媒介，象征为主，实物与象征结合才构成完整的消费对象。这里，消费成了一种操作商品实物以及人们赋予其符号意义的系统行为。在这一意义上，产品的艺术设计所完成和创造的就不仅仅是它的使用价值，而是通过品牌、标志甚至通过精心、高雅的特殊设计本身，去赋予产品的一种高价的品质和形象，以满足一部分人的上述消费需要。鲍德里亚这些社会学家们虽然认为消费者消费的不是商品本身，而是一种关系、一种象征价值，但这种关系和象征价值不是与商品无关，而是商品本身的高品质高价格等特性所决定的。为了获得这种特殊性，设计成了其最得力的工具。一件不同凡响的经过精心设计的作品，一个非凡的创意、一个区别于已有产品的新的形象或由这些新的创意所形成的新的符号系统都为特定消费者的选择提供了条件和依据。20 世纪西方发达国家真正现代的、前卫型的设计作品，总是高价的、数量稀少并仅为少数阶层接受和消费的东西。

在一定意义上，不同凡响的设计本身就为产品建立了一个外在的显著的符号形象，消费者选择的不是商品实物，而是设计，是一种非凡的创意，正是这种设计和创意以及其所形成的产品样式和风格使消费者获得了消费的象征价值（图 4—12）。即设计使消费对象变成符号，设计的过程是对象符号化的过程。

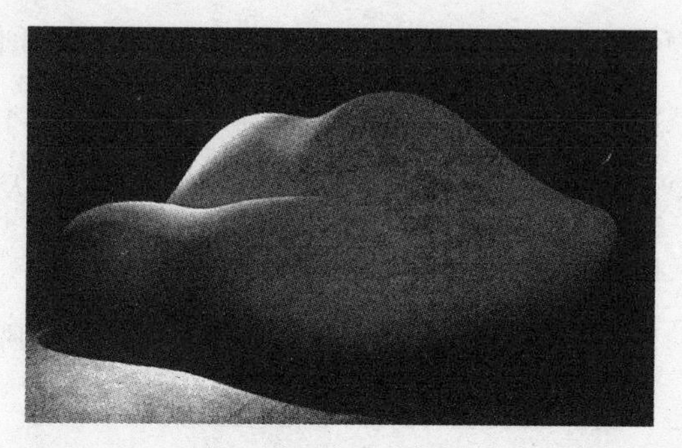

图 4—12 著名现代艺术家达利设计的唇形沙发

诚如社会学家坎贝尔所说，现代消费主义精神绝对不是物质主义的，“他们的基本动机是实际经验已经在想象中欣赏过的愉快的‘戏剧’的欲望，并且，每一种‘新’产品都被看作提供了一次实现这种欲望的机会”①。

一位西方国家著名投资银行家曾说过：“买衣服仅仅是因为有用，买吃的只是考虑经济条件的许可和食品营养价值，购买汽车仅仅是由于必需并力争开上十到十五年，那么需求就太有限了……如果市场能由新样式、新观念和新风格来决定，将会出现什么样的情况呢?”他所期望的当然是不断追求新商品、新品牌、新设计的消费。在这种大众消费的态势中，不仅设计之美成了不会说话的推销员，设计本身也被市场化和工具化了。

消费与设计的关系实际上是设计与生活方式的关系。著名

① 转引自高丙中主编：《现代化与民族生活方式的变迁》，18页。

设计师索特萨斯曾说过，设计是生活方式的设计。如果联系到消费中的象征价值，这种所谓的生活方式的设计起码包含了两方面的内容或意义：一是产品设计中形成的新的使用方式或这种新的产品导致人的使用方式的改变，使用方式是生活方式的一部分。二是设计本身赋予产品以符号性和象征价值，使产品的消费成为一种象征价值的消费。这是另一层面上的生活方式的设计。对于设计而言，设计不仅要关注实用功能的使用价值，还要关注精神价值或者说象征价值。从这一角度来回顾20世纪的设计史，我们可以明晰地看到，设计从一开始为企业家所注重，成为市场开拓、市场竞争的工具，其中已经内涵着设计所能够创造并赋予产品的那种超越实用价值之上的象征价值的能力，这也是艺术设计被企业家和市场看中的原因之一。在未来的社会中，设计的这一功能将会继续被强化，这种强化与设计本身的艺术成分的增加和符号化手段的增强成互为关系。

人造物或者说产品构成了人生活方式中的物质基础，是生活方式结构要素中环境要素的重要组成部分，也是影响生活活动形式的重要物质力量。自古以来，这一物质的基础始终发挥着重要的作用，而且会通过自身品质和形式的变化，产生更大的影响，甚至成为生活方式的表征之一（图4—13）。在远古时代，人们的生活方式是狩猎和采集者的生活方式，其造物的形式是石器、骨器、木器等工具，从这些造物形式上我们可

图 4—13　办公室组合家具

1968 年意大利特克诺公司设计生产，简洁明快，开创了办公室工作环境的新境界。

以看到与此相适应的生活方式，也就是说，这些工具成了这一时代生活方式的象征物。在农业文明时代，即从新石器时代开始直到 18 世纪的工业革命这近一万年的时间中，工具和用具的产品设计与制造进入了一个新的时期，有了陶器、青铜器、铁器以及各种生活用具，车、船一类的交通工具、住房，人类的生活方式即进入了一个以农业生产为主的时代，手工业的造物生产和城市文明在这一农业生产的时代中生发和成长起来，各种手工业的产品同样成为这一时代生活方式的表征。从 8 000 年前的陶器上我们知道那时的人们已开始农耕的定居生活；从青铜器的组合中，我们可以了解到奴隶制的社会体制下，钟鸣鼎食是贵族阶级生活方式的典型写照。进入工业社会后，大机器产品的设计和生产使人类生存的物质环境有了革命性的变革，受制于自然的因素日益缩小，自主设计创造的可能性加大，新的物质材料如人工合成的化学材料等成为人类使用的重要物质材料，汽车、飞机、家用电器等新的工业产品标志着一种工业文明的生活方式和形式。在 21 世纪的信息社会，电子技术的数字化，将深入到人类的各种生活和生产之中，自动化的生活环境同样将会产生与之相适应的生活方式。

二　艺术化的生活

艺术化的生活是人类的理想，是人类想望的一种自由的、艺术的更为符合人本性的生活。艺术化生活也可以说是一种美的生活，一种理想化的生活形态或生活方式。作为人类的一种理想，其追求可以说从人类文明诞生时起就已经开始萌生了，它的标志是在造物中对美的追求与物化，通过产品和造物得以体现。原始人在生活极为艰苦的状态下，制作串饰、精心地修整工具、在粗陋的陶器上装饰纹样直至设计制造精美的青铜器、玉器、丝织品、家具，建造宏伟的宫殿和住居，这一切无不表现为一种对艺术化生活的努力与追求，对美好生活的追求。正是这种通过造物得以体现和实现的追求，从点到面，从少到多，

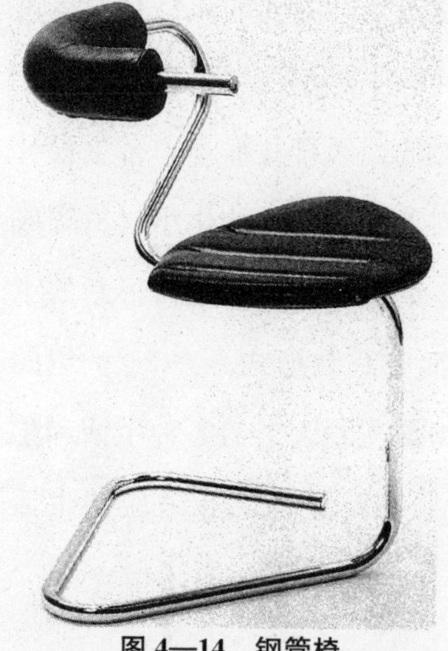

图 4—14　钢管椅

德国设计师斯杰芬·维维卡设计，采用一根长达三米的钢管弯 7 次而成型，造型别致，又有舒适而随意的功能。

从一件产品到系列产品，从室内到室外，从个人生活空间到公共生活空间，人们一直为此进行着努力。至今，艺术化的生活已经离我们不远。

艺术化的生活是美的生活，这种生活是物质之美与精神之美统合的生活。物质之美是指我们生活于其中的物质产品和物态环境都是经过美的设计的、艺术化的，既符合生态要求，与自然融合为一，又是人造的美的第二自然。在这样一个美的环境中，物质产品和空间为我们提供了完善的功能服务，同时又有超越其上的美的价值，每件用品、每个生活空间因设计都可以成为一件艺术佳作，给人以美的感染和享受（图 4—14）。即物质产品因其艺术设计的品质而具有更多的精神功能。当然，艺术化生活的精神之美，不仅是指物质产品的那种美的精神属性，更重要的是使用者、生活者作为主体所必须具备的精神追求，那种超越物质之美的自由的、艺术化的精神追求（图 4—15）。

在这一意义上，艺术化的生活又是一种哲学化的生活智慧。

19 世纪美国思想家梭罗对“生活艺术化”曾进行过认真的思考与探索，他曾在瓦尔登湖畔独居两年，在这两年的岁月中，他

图 4—15　书桌

1950 年由设计师卡洛·莫里诺设计，采用玻璃台面，体现一种现代科技的特点，而原木和积层木的结构体现出自然材质的美，使这一设计具有更多的精神性内涵。

劳动、生活和写作。不是常人般的劳动、生活与写作，而是把这些与对自然的观察、倾听、体验甚至梦想融合在一起，使日常生活的每一刻都成为艺术性的。他沉浸在瓦尔登湖畔的阅读情结中，他阅读的不仅是书本，还阅读大自然的山川林木的黄昏和四季的变化，在倾听山林和水波的声响的同时，倾听来自自身心灵的思潮涌动之音；从自己在山林小径的漫步声中他听到了来自心灵的神秘的脚步声；他独处，但心却与世界众人相通因此而不感孤独寂寞；他的写作，不是苦思冥想去构思奇人

奇事，而是倾诉自己与自然融一的心声，描述眼前大自然的真实之美。他用自己的生存与实践说明：艺术化生活重要的是精神世界之善与美。

作为大思想家的梭罗认为美好的生活不是通过知识积累和占有更多财产达到的，而是通过对自然和人性美的敏锐感受达到的。但这并不是说物质环境无作用，他选择瓦尔登湖，以及在瓦尔登湖的观察与倾听，有一个最基础的条件，即瓦尔登湖的美。这是环境之美和物质之美，是思想家艺术化生活和崇高哲学思想的生发之地，如果是穷山恶水，思想家的思考和心情也许会是另一种样子了。

马克思主义历来认为物质是第一性的，存在决定意识，艺术化的生活首先必须有艺术化的物质条件和基础，美的自然条件是一部分，美的人造环境也是一部分，随着艺术设计的发展，人造环境、人造物将会越来越与自然美相融合而不是背离。从接受的角度说，人们对设计作品的接受是从选择商品开始的，设计作品以商品或用品的形式，进入人的生活，为人的生活服务的过程，是设计作品为人所接受和认识的过程。一般而言，大多数人对设计的接受，首先是对作为商品的具体设计作品本身的接受，在使用过程中，优秀的设计作品的存在，潜在地表达着设计师通过设计所赋予的设计理念和精神，是“能引起诗意反应的物品”，是设计追求和高扬的一种无目的性的抒情价值。众多的优良设计组成一个宜人的物态环境和生活场景，将不仅给人带来各种生活的便利，而且会给人以美的舒适甚至高尚的精神享受，这时，设计通过对物和环境的创建与塑造，不仅出色地完成了实用功能的预期目标，它也完成了预期的文化的、美学的乃至哲学上的价值目标，我们甚至可以进一步认为，由此会导致包括从设计愿望、设计方式、设计目标、设计理念乃至设计的精神本质被使用者、受众全部接受和确认的结果。这一现象实际上表明：物质的存在决定和影响着意识的存在，优美的物态环境改变和塑造着人的美和善的心灵，即优秀的物质文化作用于精神文化，充实并完善着人的文化品格（图4—16）。因此，我们说，艺术化生活是物质之美与精神之美统合的产物。

图4—16 现代室内设计

由现代产品组合成的环境空间，为人提供了一个温馨、舒适、宜人和美的生活空间，为文明的生活方式提供了物质基础。

艺术化生活是人类文明生活的最高形式。人类文明的生活形式或生活方式在不同的文明社会有不同的表现形式，农业文明中的生活形式与农业社会相适应、工业文明中的生活形式与工业社会相适应，这都可以称之为文明生活。未来信息社会的生活同样会适应信息文明的要求，形成信息时代文明的生活形式和方式，但这不一定就是艺术化的生活方式，艺术化生活是物质生活环境和精神生活同样艺术化。两者结合统一而形成的生活形式，是人类文明生活的最高形式。

在一定意义上，艺术化生活将一直是一种理想，一种人类生活的理想，它永远在人类生活的高处引导着人们的生活和创造；另一方面，生活又总是个人的、变动的、有时代性的、发展的，艺术化生活的内容和形式也不断在变化，因此，艺术化生活因人而异，因时代而异，它一直具有理想性。

艺术设计是实现人类艺术化生活的最重要的工具之一，它是人类通向艺术化生活的桥梁。设计一方面将人类的生活与艺术相联系，一方面以自己的艺术化的物质创造，为人提供艺术化生存的物质环境和条件，构成人艺术化生活的物质基础。有了这一物质基础，超越其上的精神追求才有可能，才有现实的和实现的条件。当然，设计不仅是物的艺术化设计，它还是美的方式的设计；艺术设计的产品不仅具有物质的使用功能，它们具有美的精神功能，是两者统合的产物。

肩负着建构人类艺术化生活重任的艺术设计事业，可以说是一个具有无限美好前途的事业，它与人类文明的发展联系在一起，与人类艺术化生活的需求联系在一起。因此，对艺术设计的重视，实际上是对人类自身未来的重视，设计的未来即是人类的未来。

图书在版编目（CIP）数据

器物的情致：产品艺术设计/李砚祖著．—北京：中国人民大学出版社，2017.7
（明德书系．艺术坊）
ISBN 978-7-300-24677-2

Ⅰ．①器… Ⅱ．①李… Ⅲ．①产品设计-研究 Ⅳ．①TB472

中国版本图书馆 CIP 数据核字（2017）第 167806 号

明德书系·艺术坊
器物的情致：产品艺术设计
李砚祖 著
Qiwu de Qingzhi：Chanpin Yishu Sheji

出版发行	中国人民大学出版社		
社　　址	北京中关村大街 31 号	邮政编码	100080
电　　话	010－62511242（总编室）		010－62511770（质管部）
	010－82501766（邮购部）		010－62514148（门市部）
	010－62515195（发行公司）		010－62515275（盗版举报）
网　　址	http://www.crup.com.cn		
	http://www.ttrnet.com(人大教研网)		
经　　销	新华书店		
印　　刷	涿州市星河印刷有限公司		
规　　格	148 mm×210 mm　32 开本	版　　次	2017 年 8 月第 1 版
印　　张	9.125 插页 2	印　　次	2017 年 8 月第 1 次印刷
字　　数	159 000	定　　价	48.00 元

明德書系
艺术坊